AF261800

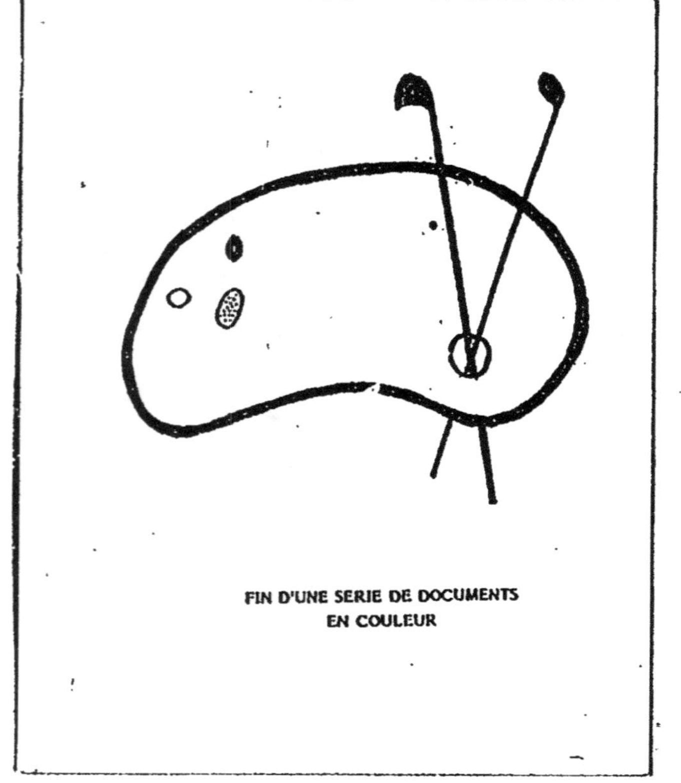

FIN D'UNE SERIE DE DOCUMENTS
EN COULEUR

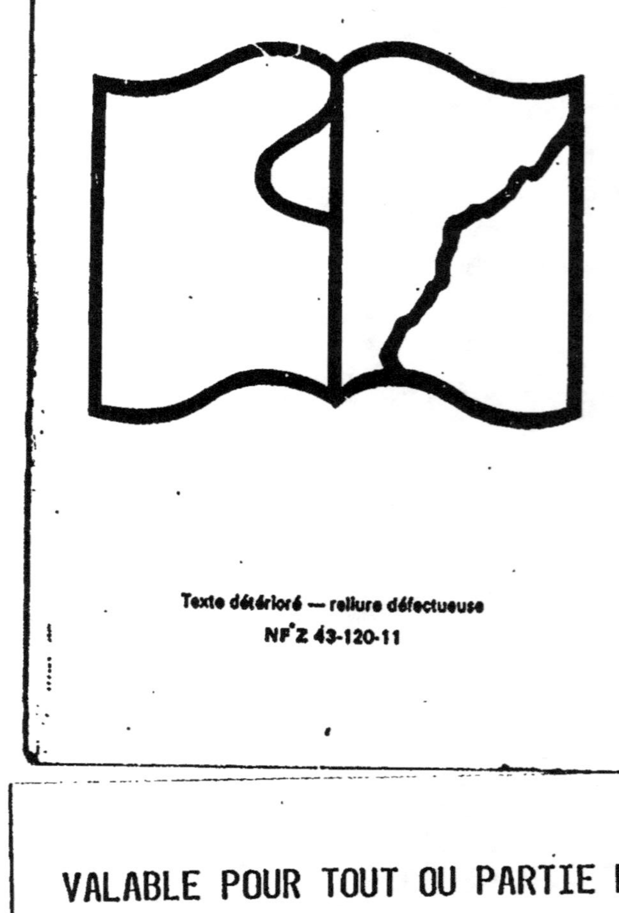

Texte détérioré — reliure défectueuse
NF Z 43-120-11

Couverture inférieure manquante

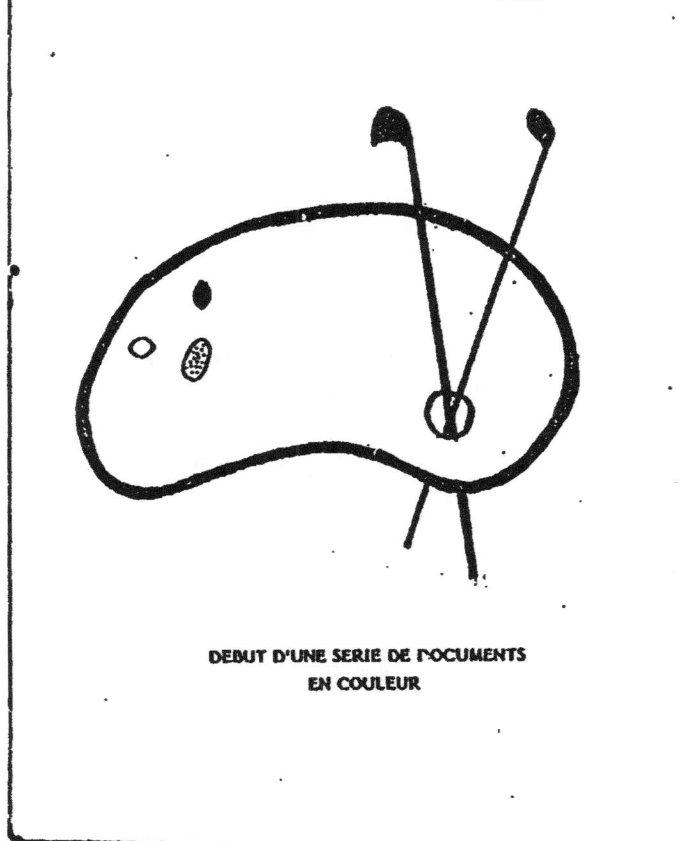
DEBUT D'UNE SERIE DE DOCUMENTS
EN COULEUR

Avis important.

Ce volume se compose de trois parties : le **papier blanc** réservé au *Texte*, les *pages* **bleues** et les *pages illustrées* sur **papier rose.**

Nos lecteurs trouveront dans les **Pages bleues** tous les renseignements de nature à les éclairer sur le choix des *Hôtels* et *Restaurants*, ainsi que sur les changements apportés d'une année à l'autre aux horaires et tarifs des *voitures*, *tramways* et *bateaux* desservant la région qu'ils visitent.

Les Pages roses contiennent toutes les combinaisons offertes par les différentes *Compagnies de chemins de fer* pour les voyages circulaires, les mêmes indications pour les grandes *Compagnies de navigation*, ainsi que les annonces de *villes*, *stations thermales*, *plages* et grandes marques du *commerce* et de l'*industrie*,

Guides Conty

E. et J. LE BRUN, Directeurs.

Paris, 37, rue Bonaparte (6ᵉ arr.)

ROUEN. — La cathédrale.

GUIDES PRATIQUES CONTY

PUBLIÉS SOUS LE PATRONAGE DES COMPAGNIES DES CHEMINS DE FER
ET DE NAVIGATION

Rouen

ET

Le Havre

5ᵉ Édition

ADMINISTRATION DES GUIDES CONTY

37, RUE BONAPARTE, 37

PARIS (6ᵉ)

Préface

Nous vous présentons sous le bienveillant patronage de la Compagnie des chemins de fer de l'Ouest, la 5ᵉ édition de la monographie « **Rouen-Le Havre** » consacrée à la description de la vallée de la Basse-Seine. Ce petit guide que nous avons remanié entièrement, s'adresse surtout aux touristes qui, disposant de peu de jours, veulent aller voir la mer en profitant de leur passage à Rouen pour visiter cette ville si pittoresque.

Aux baigneurs pouvant disposer de huit, quinze jours, ou plus, nous recommanderons spécialement notre guide « **Normandie** » dans lequel ils trouveront, détaillées et au grand complet, toutes les plages normandes du Tréport à Granville et les villes ou endroits les plus intéressants de cette merveilleuse contrée.

GUIDES CONTY.

De Paris au Havre

Renseignements. — 10 trains chaque jour dont 2 rapides, 3 express et un direct relient Paris au Havre par Rouen. Le train le plus rapide qui n'a d'arrêt qu'à *Rouen*, parcourt les 228 kilomètres de la ligne en 2 h. 40; les express mettent environ 4 h. et les trains omnibus 6 h. Les trains les plus agréables sont l'express et le rapide du matin (vers 8 h. 30), le rapide de l'après-midi et l'express du soir (vers 8 h.)

Prix des places : Billets simples, 1re cl., 25 fr. 55 ; 2e cl., 17 fr. 25 ; 3e cl., 11 fr. 25.

Billets d'aller et retour, 1re cl., 38 fr. 30 ; 2e cl., 27 fr. 60 ; 3e cl., 18 fr., valables trois jours, non compris les dimanches et jours de fêtes, les délais sont calculés de minuit à minuit. Toutefois le coupon de retour est valable, même par un train arrivant à destination le lendemain de l'expiration du délai ci-dessus fixé, pourvu que le départ du voyageur, par ce train, ait lieu avant minuit.

Billets de bains de mer. — Délivrés du 1er mai au 31 octobre, ces billets sont valables du jeudi soir (trains partant de Paris depuis 5 h. du s.), au lundi. Prix pour le Havre, aller et retour : 1re cl., 30 fr.; 2e cl., 22 fr.

En dehors de ces billets, la Compagnie de l'Ouest organise des trains de plaisir à prix réduits qui permettent, pour une somme des plus minimes, de se rendre à Rouen et au Havre.

DE PARIS A ROUEN

Renseignements. — 14 trains par jour dont 2 rapides et 4 express ; 140 kilomètres ; trajet en 1 h. 30 à 3 h. 30. Prix des places : 15 fr. 25, 10 fr. 30, 6 fr. 70. Quelques trains omnibus arrivent à la gare de Rouen, rive gauche, au lieu d'arriver à la gare de la rue Verte (s'informer).

Choisir de préférence les places de droite.

Itinéraire. — En quittant la gare Saint-Lazare, on passe sous le pont en fer de la place de l'Europe, et, après le tunnel des *Batignolles* et le chemin de fer de Ceinture, qu'on laisse à g., on marche en ligne directe sur *Asnières*, où l'on arrive après avoir traversé la *Seine*.

La voie que vous laissez à votre g., en face de la station d'Asnières, conduit à *Versailles*. Celle de dr., qui borde pour ainsi dire la voie que vous suivez, est l'embr. conduisant à *Bois-Colombes* et *Argenteuil* et qui se soude avec la ligne du Nord à *Ermont*.

Nota. — Depuis l'ouverture de la ligne d'*Argenteuil* à *Mantes*, certains trains de Paris au Havre empruntent cette ligne, qui se détache de la ligne principale à *Asnières* et s'y relie à *Mantes*.

Les stations desservies entre *Argenteuil* et *Mantes*, toutes sur la rive droite de la Seine, sont : *Cormeilles*, *La Frette-Montigny*, *Herblay*, *Conflans-Sainte-Honorine*, *Fin-d'Oise*, *Maurécourt*, *Andrésy-Chanteloup*, *Triel*, *Vaux*, *Meulan-Hardricourt*, *Juziers*, *Gargenville* et *Limay*.

Après la station d'*Asnières*, on passe sous deux viaducs, et l'on arrive à la petite st. de la *Garenne-Bezons*, où on laisse sur la g. la ligne de *Saint-Germain* pour suivre définitivement la ligne de *Normandie*.

A partir de la st. de *Colombes*, la campagne est des plus riantes : à g., le *Mont-Valérien* et les coteaux de *Bougival* ; à dr., *Argenteuil* et *Franconville*.

Après avoir franchi la *Seine* au delà de *Bezons-*

Sartrouville, on arrive à *Houilles-Carrières-Saint-Denis*, puis à *Maisons-Laffitte*, bourg de 4.750 hab., célèbre par son château, œuvre de Mansart (v. *Environs de Paris*).

Après *Maisons*, la voie pénètre dans la forêt de *Saint-Germain* et atteint la st. d'*Achères*, située en pleine forêt. De cette st., point de jonction de la ligne de Grande-Ceinture et embr. de la ligne de Dieppe par Pontoise, on arrive à *Poissy*. A partir de *Poissy*, le chemin côtoie la Seine.

Après *Villennes*, vient *Vernouillet-Verneuil* d'où l'on aperçoit *Triel*, qui se détache à dr. en amphithéâtre ; un peu plus loin, *les Mureaux*.

En quittant *les Mureaux*, on laisse sur la g. le magnifique château Daru, et, après avoir traversé le *bois de la Garenne*, on arrive à la st. d'*Epône-Mézières* (embr. sur *Plaisir-Grignon*).

D'*Epône* à *Mantes*, le convoi met environ 10 min. Deux tours ressemblant à celles de Notre-Dame de Paris, et placées sur la droite, vous. indiquent que vous êtes à *Mantes* (58 kil.).

Mantes, sous-préfecture du département de Seine-et-Oise, sur la rive gauche de la *Seine*. Cathédrale remarquable. Environs charmants.

Pour les détails, v. notre guide « Environs de Paris », 2 fr. 50.

A travers une petite plaine, le convoi gagne *Rosny*, village situé sur la dr. et célèbre par son château construit par Sully et où se retira Henri IV après la bataille d'Ivry ; il est situé au milieu d'un beau parc et on l'entrevoit un instant.

Au de'à de *Rosny*, laissant à g. la *forêt de Rosny*, la voie côtoie de nouveau la *Seine* et pénètre dans le *tunnel de Rolleboise*, long de 2,010 m., qui évite une longue boucle décrite par le fleuve ; à sa sortie, on dépasse *Bonnières*. Suivant toujours la rive g., on rejoint la ligne de *Pacy-sur-Eure* pour arriver à *Vernon* (embr. sur *Gisors*, v. *Normandie*).

Vernon (80 kil.). — Ville de 8,700 hab., dans une charmante position, sise dans une plaine fertile entre le chemin de fer et la rive g. de la Seine. Eglise restaurée, classée parmi les monuments historiques ; le chœur date du xiie siècle. Un joli pont en pierre sert de communication entre Vernon et *Vernonnet*.

Au delà de *Vernon*, la voie parcourt une petite plaine (vue à dr. sur les collines de la rive dr.) et parvient à *Gaillon-Aubevoye*.

Gaillon. — Ville de 3,200 hab., à 2 kil. de la gare, bâtie sur le versant d'une colline ; on remarque sur la g. un ancien château historique converti aujourd'hui en maison centrale de détention.

La porte authentique du château de Gaillon se trouve à l'école des Beaux-Arts, à Paris.

Après Gaillon, on traverse deux nouveaux tunnels, l'un de 1,726 m. et l'autre de 403., nécessaires pour éviter une nouvelle boucle de la Seine qui arrose au nord *les Andelys*, puis on arrive en quelques minutes à *Saint-Pierre-du-Vauvray* (emb. pour *Louviers* et *les Andelys*, v. *Normandie*).

Suivant un instant l'*Eure* à g., on franchit la *Seine* et, longeant à dr. la ligne de *Gisors*, on arrive à la station de *Pont-de-l'Arche*, desservant cette petite ville située à 2 kil. à g.

Après Pont-de-l'Arche, on traverse un quatrième tunnel de 500 m. de longueur, puis on franchit la *Seine* sur deux ponts, pour arriver à la st. d'*Oissel* (embr. sur *Elbeuf*).

En quittant *Oissel*, on laisse sur la dr. d'immenses cheminées et de riants coteaux, et après la station de *Saint-Étienne-du-Rouvray*, on aperçoit, à dr., sur une éminence, l'église de *Bon-Secours* et le monument de Jeanne-d'Arc.

Enfin, après avoir dépassé la station de *Sotteville-lez-Rouen*, où se détache à g. la ligne de la gare de Saint-Sever et après avoir franchi successivement (vue merveilleuse à g.) les deux viaducs d'Eauplet sur la Seine et les deux tunnels de Sainte-Catherine et de Beauvoisine entre lesquels on croise la ligne d'Amiens, on arrive en gare de *Rouen*, rive droite, connue sous le nom de *gare de la rue Verte* (Buffet).

Rouen

Grande et belle ville de 116.320 hab., dans une position avantageuse sur les deux rives de la Seine; ancienne capitale de la Normandie; chef-lieu du département de la Seine-Inférieure. Siège du commandement du IIIe corps d'armée, Cour d'Appel, Archevéché, Port important, Commerce et industrie considérables, Monuments très intéressants.

Arrivée à Rouen. — Rouen possède quatre gares, deux sur la rive droite de la Seine et deux sur la rive gauche.

Sur la rive droite, ce sont: 1° La *gare de l'Ouest, rive droite*, ou *gare de la rue Verte*, située rue Verte au coin de la rue de Larochefoucault, et desservant la ligne de *Paris* au *Havre* et à *Dieppe*. 2° La *gare du Nord*, desservie par la Cie des chemins de fer du Nord, située boulevard Gambetta et point de départ de la ligne d'*Amiens*.

Sur la rive gauche, ce sont: 1° La *gare de l'Ouest, rive gauche*, ou *gare de St-Sever*, située quai d'Elbeuf, pour les lignes d'*Oissel* et *Paris* avec transbordement à Sotteville. 2° La *gare d'Orléans* pour les lignes d'*Elbeuf, Louviers*

Serquigny, elle est située place Carnot, à l'extrémité du pont Boïeldieu.

On trouve à la sortie des gares des omnibus faisant le service de la ville (50 c. le jour, 60 c. la nuit; bagages, 1 c. par kilog) et des voitures de place, mais pas d'omnibus d'hôtel.

De plus les lignes de tramways qui sillonnent la ville desservent les gares et les relient entre elles.

Choix d'un hôtel. — Voir *Agenda du Voyageur*, lettre R.

Voitures de place. — *Tarif pour l'intérieur de la ville:* de 6 h. du matin à minuit, la course, 1 fr. 50; l'heure, 2 fr.; de minuit à 6 h. du matin, la course, 2 fr. 50; l'heure, 3 fr.; bagages, 20 c. par colis.

Tarif pour l'extérieur de la ville: de 6 h. du matin à minuit, la course, 1 fr. 70; l'heure, 2 fr. — *Pour Bon-Secours:* l'heure, 2 fr. 50.

Funiculaire. — D'Eauplet à Bon-Secours en corresp. avec les tramways et les bateaux; pour les heures, s'informer.

Bateaux à vapeur. — Pour *Port-Saint-Ouen*, 4 à 6 f. par j., départ du Pont-de-Pierre, en 50 min., 40 c. — Pour *Dieppedalle*, 6 f. et *la Bouille*, 5 f. par j.; départ du Pont Boïeldieu, en 1 h. 30; 80 et 60 c. — Pour *le Havre*, en été seulement, départ du pont Boïeldieu, t. l. j. (consulter les affiches), 6 fr. et 4 fr. (restaurant à bord).

Voitures publiques. — Pour *Boos*, 3 f. par j.; *Duclair et St-Martin-de-Boscherville*, t. l. j.; *La Feuillie*, t. l. j.; *Martinville-sur-Ry*, 2 f. par j. et *Quincampoix*, 5 f. par j.; *Bois-Guillaume*, 8 f. par j.; pour les heures et les stationnements, s'informer.

Poste. — Bureau central, rue Jeanne-d'Arc, 45; succursales à l'Hôtel de Ville; à la gare du Nord; 1, rue Verte; 17, boulevard Cauchoise; 100, rue Lafayette.

Télégraphe et Téléphone. — Bureau central, cours Boïeldieu, palais de la Bourse; succursales dans les bureaux de poste.

Tramways. — Traction électrique. — De la *gare du Nord* à *Maromme*, par le boul. Gambetta, les quais et *Déville*, 30 et 20 c.; t. l. 8 ou 10 min.

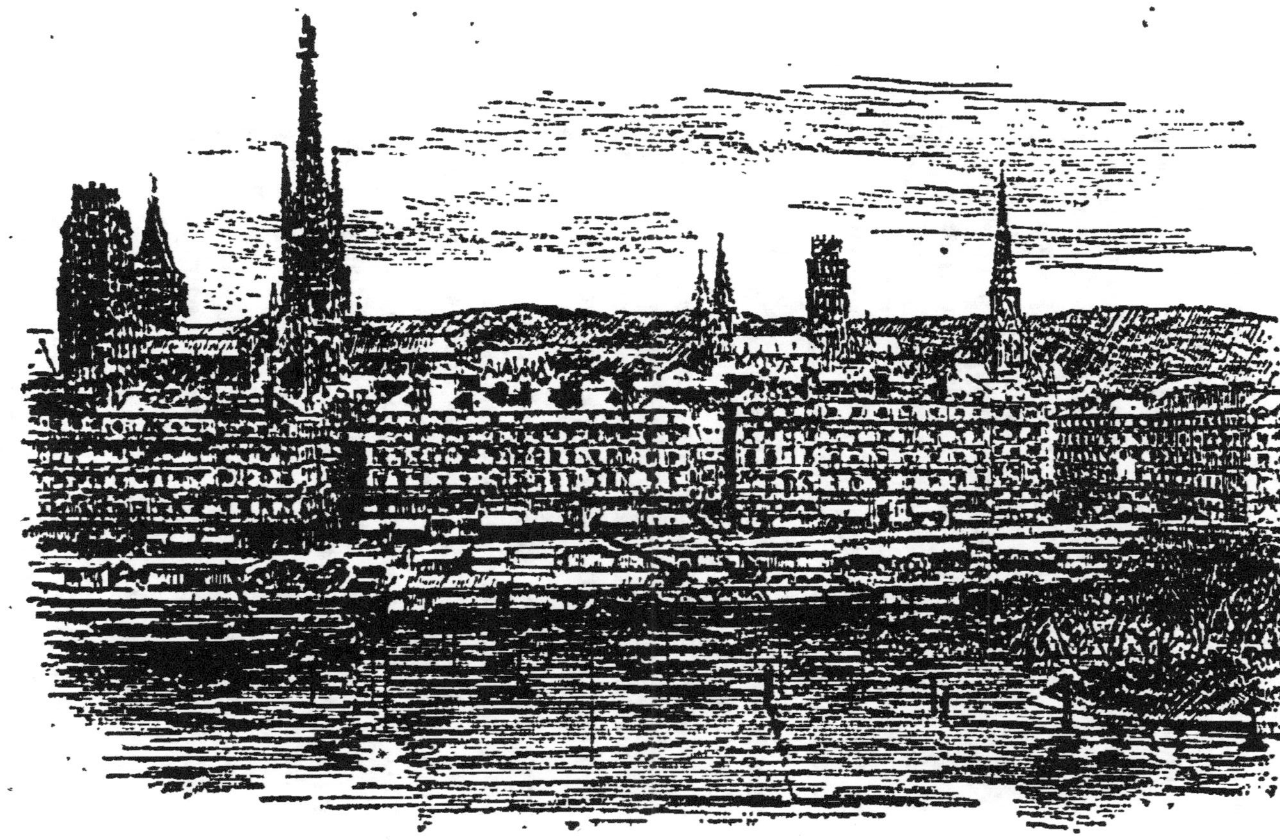

Rouen. — Les quais.

De *Maromme* à *Bondeville*, 15 et 10 c., t. l. 20 min.

Du *boul. Cauchoise* à *Darnétal*, par la rue Thiers, l'Hôtel-de-Ville, les rues St-Vivien, St-Hilaire et la route de Darnétal, 20 et 15 c. ; t. l. 12 min.

De l'*Hôtel de Ville* à la *gare de Sotteville*, par le pont Corneille, les rues Lafayette, Pavée et de Sotteville, 20 et 15 c.; t. l. 10 min.

De l'*Hôtel de Ville* à *St-Etienne*, par le pont Corneille et Sotteville, 30 et 25 c.; t. l. 20 min.

De la *pl. Beauvoisine* au *Jardin des Plantes*, par le pont Corneille, les rues Lafayette et d'Elbeuf, 15 et 10 c.; t. l. 10 min.

De la *pl. Beauvoisine* à la *pl. des Chartreux*, par la cathédrale, le pont Boïeldieu, la gare d'Orléans et l'église St-Sever, 15 et 10 c.; t. l. 10 min.

De la *gare rue Verte* à *Quévilly*, par les rues Jeanne-d'Arc, Thiers, l'Hôtel de Ville, le pont Corneille, l'église St-Sever et la route de Caen, 20 et 15 c.; t. l. 10 min.

Du *Pont Corneille* au *Champ des Oiseaux*, par les quais, la rue Jeanne-d'Arc et la gare, R. D.; 15 et 10 c.; t. l. 10 min.

De l'*église St-Sever* à la *gare rue Verte*, par la rue St-Sever, le pont Boïeldieu, les quais et la rue Jeanne-d'Arc, 15 et 10 c.; t. les 5 min.

De la *route de Lyons* à la *Barrière du Havre*, par les rues d'Amiens et St-Ouen, l'Hôtel de Ville, la rue Thiers, la rue Cauchoise, les avenues Pasteur et Mont-Riboudet, 15 et 10 c.; t. l. 10 min.

Ligne Circulaire, par les quais, les boul. Cauchoise, Jeanne-d'Arc, Beauvoisine, St-Hilaire et Gambetta, 15 et 10 c.; t. l. 7 ou 10 min.

De la *gare d'Orléans* à *Amfreville-la-Mi-Voie* et au *funiculaire de Bonsecours*.

De la *gare d'Orléans* à la *rue Bihorel*.

De la *gare d'Orléans* à *Bapaume*.

De la *gare d'Orléans* au *Petit-Quévilly*.

Du *Boulingrin* au *cimetière du Nord*.

De *Rouen* à *Bois-Guillaume*.

Théâtres. — *Théâtre des Arts*, à l'angle de la *rue Grand-Pont* et du *cours Boïeldieu*, représentations en hiver seulement ; opéras et opéras-comiques. — *Théâtre Français*, *place du Vieux-Marché,* comédies, opérettes, drames. — *Folies-Bergères,* dans l'île Lacroix, *rue Centrale;* attractions diverses, revues ; jardin et promenoir.

Des gares en ville. — *De la gare de la rue Verte* (tramway du Champ des Oiseaux au pont Corneille). — En sortant de la gare, monter une rampe et, traversant une grille, suivre à g. la *rue Verte,* à l'extrémité de laquelle se trouve la statue du publiciste *Armand Carrel* (v. p. 23), puis traverser le *boul.* Jeanne-d'Arc et descendre, en face, la magnifique *rue Jeanne-d'Arc.*

Remarquez, à l'entrée de la rue Jeanne-d'Arc, la *tour de Jeanne-d'Arc* (v. p. 48) et du même côté, le *jardin Solférino* et le *Musée-bibliothèque* (v. p. 49).

Plus bas, à dr., l'*hôtel des Postes;* à g., la façade latérale du *Palais de Justice* (v. p. 39).

Suivez toujours la *rue Jeanne-d'Arc* et remarquez plus bas, à dr., la *tour Saint-André* (v. p. 48) et, plus loin, du même côté, l'abside de *l'église Saint-Vincent* (v. p. 33).

Après le vaste bâtiment de l'*octroi,* situé à g., vous êtes sur le *quai de la Bourse,* au bord de la Seine que vous suivez à g. pour atteindre le *cours Boïeldieu,* point de départ de nos itinéraires dans la ville.

De la gare du Nord (tramway de la gare du Nord à Maromme). — En sortant de la gare, faisant face aux jardins de l'*Hospice général,* suivez à g. le *boul.* Gambetta ; vous croisez la *place Martainville* et vous passez entre le *Champ-de-Mars* à g. et la *caserne Jeanne-d'Arc* à dr. pour atteindre le bord de la *Seine* vis-à-vis de l'*île Lacroix* qui la divise en deux bras.

Suivez à dr. le *quai de Paris,* à l'extrémité duquel, après avoir laissé à g. les *ponts Corneille* et *Boïeldieu,* vous atteignez le cours Boïeldieu.

De la gare de Saint-Sever. — A la sortie de la

gare, suivez à g. le *quai d'Elbeuf* et engagez-vous à dr. sur le *pont Corneille* qui traverse les deux bras de la Seine ; au centre et à g., sur le terre-plein, à l'extrémité de *l'île Lacroix*, s'élève la *statue de Corneille*. Arrivé sur la rive droite, prenez à g. le *quai de Paris* qui vous amène au *cours Boïeldieu*.

De la gare d'Orléans. — Vous n'avez qu'à vous diriger droit devant vous, en croisant la *pl. Carnot*, vers le pont *Boïeldieu*, sur lequel vous traversez la *Seine* pour atteindre la *place Boïeldieu*, point de départ de nos itinéraires.

Deux mots sur Rouen. — Rouen (*Rotomagus*) était à l'époque de la conquête romaine la capitale des Vélocasses ; sous *Dioclétien*, elle devint la métropole de la *Deuxième Lyonnaise*. Elle fut christianisée dès cette époque à la suite des prédications de *saint Nicaise* et de *saint Mellon* et eût dès lors un évêque. Lorsque les Francs s'en furent emparés à la fin du ve s., en proie d'abord à des luttes intestines, elle prit rapidement un essor commercial considérable que n'arrêtèrent pas les nombreuses incursions des Normands au ixe s. Au commencement du xe s., prise par *Rollon*, la ville de Rouen fut cédée par le traité de *Saint-Clair-sur-Epte* (912) à ce chef qui avait épousé la fille de Charles-le-Simple et qui en fit la capitale du duché de Normandie.

Philippe-Auguste reconquit Rouen en 1204 sur *Jean-sans-Terre*, duc de Normandie et roi d'Angleterre, mais *Henri V* s'en empara après un long siège en 1418.

C'est durant l'occupation anglaise que *Jeanne d'Arc* fut jugée et périt sur le bûcher, le 30 mai 1431, après avoir délivré une partie de la France de la domination étrangère. En 1449, *Charles VII* venait mettre le siège devant *Rouen* et s'en emparait.

Cette ville, dont le développement commercial s'accentuait de plus en plus, eut beaucoup à souffrir des guerres de religion pendant lesquelles elle passa successivement aux mains des deux partis. *Henri IV* en fit le siège en 1593 et s'en empara ; trois ans plus tard, il y tint une assemblée des Notables.

Durant la guerre franco-allemande, la ville fut occupée pendant plus de six mois par les ennemis.

Rouen est la patrie des deux *Corneille*, de *Fontenelle*, de la *Champmeslé*, du compositeur *Boïeldieu*, du publiciste *Armand Carrel*, de l'explorateur *Cavelier de la Salle*, du médecin *Gui de la Brosse*, des peintres *Jean Jouvenet*, *Jean Restout* et *Géricault*, des écrivains *Gustave Flaubert* et *Guy de Maupassant*.

Le port. — Le port de Rouen, l'un des plus importants de la France, forme le point de contact entre la navigation maritime dont les bateaux remontent la Seine jusqu'au *pont Boïeldieu* et la navigation fluviale qui, par ses péniches, conduit les marchandises à Paris. Les profondeurs d'eau du bassin varient de 6^{m}80 à 10 mètres à basse mer de morte-eau, et les navires d'un tirant d'eau de 7^{m}30, peuvent y monter en marée de vive-eau. Les quais présentent une longueur de 4.830 mètres avec une superficie de déchargement de 55 hectares, et comportent des hangars-abris couvrant 12.000 mètres carrés. L'ensemble du mouvement commercial, entrées et sorties représente 4.925.600 tonnes.

ITINÉRAIRES DANS LA VILLE

Première promenade

Cathédrale, Musée d'antiquités, Hôtel de Ville, Saint-Ouen, Saint-Vivien, Saint-Maclou.

Partez du *cours Boïeldieu*, centre du mouvement et de la vie commerciale ; il est orné d'une statue en bronze de *Boïeldieu* par *Dantan jeune* ; la *Bourse* (v. p. 42) et la façade latérale du *Théâtre des Arts* (v. p. 45) en bordent l'un des côtés, l'autre côté est formé par le *quai de la Bourse*, qui longe la Seine.

Le dos tourné à la statue, suivez le *cours Boïeldieu*, vous longez le *Théâtre des Arts* à g. et vous arrivez à la *rue Grand-Pont* ; à votre dr., s'étend le *pont Boïel-dieu* ou *Grand Pont* (v. p. 17). Suivez cette rue à g., une des plus animées de la ville, bordée de beaux magasins ; vous passez devant la façade principale du théâtre, et vous apercevez à dr., à l'extrémité de la *rue de la Savonnerie*, une curieuse fontaine de 1518, représentant un Mont-Parnasse et surmontée d'une statue d'Apollon au-dessous duquel s'envolait le cheval Pégase et étaient groupées les Muses ; elle est connue sous le nom de *Fontaine de Lisieux*, car elle est acco-lée à l'*Hôtel de Lisieux*, occupant une maison ayant appartenu aux évèques de Lisieux.

Dans la *rue de la Savonnerie*, deux vieilles mai-sons, les n°ˢ 41 et 31, cette dernière dite *Logis des Ca-radas*.

Continuez à suivre la *rue Grand-Pont*, vous arrivez à la *pl. dè la Cathédrale*, à l'entrée de laquelle vous remarquez à g., à l'angle de la *rue Ampère*, une curieuse maison du xvıᵉ s., c'est l'ancien *Bureau des Finances* (v. p. 16). A votre dr., se dresse la façade im-posante de la *Cathédrale* (v. p. 28) que vous devez visiter.

Nota. — En face de la cathédrale, s'ouvre la *rue de la Grosse-Horloge*, menant à la *Grosse-Horloge* que vous fera voir notre deuxième promenade.

En sortant de la *Cathédrale* par le grand portail, tournez de suite à dr. par la *rue des Quatre-Vents* qui forme avec la *rue Saint-Romain* un angle ; à g., dans cet angle, se montre la façade Renaissance de l'anc. *Hôtel de la Cour des Comptes* (1824), sous laquelle est ménagé un passage menant à la *rue des Carmes*.

Nota. — Pour voir la façade intérieure de cet hôtel, il faut entrer dans la cour de la maison portant le n° 14, rue des Carmes.

Suivez à dr. la *rue St-Romain* ; vous voyez à dr. la

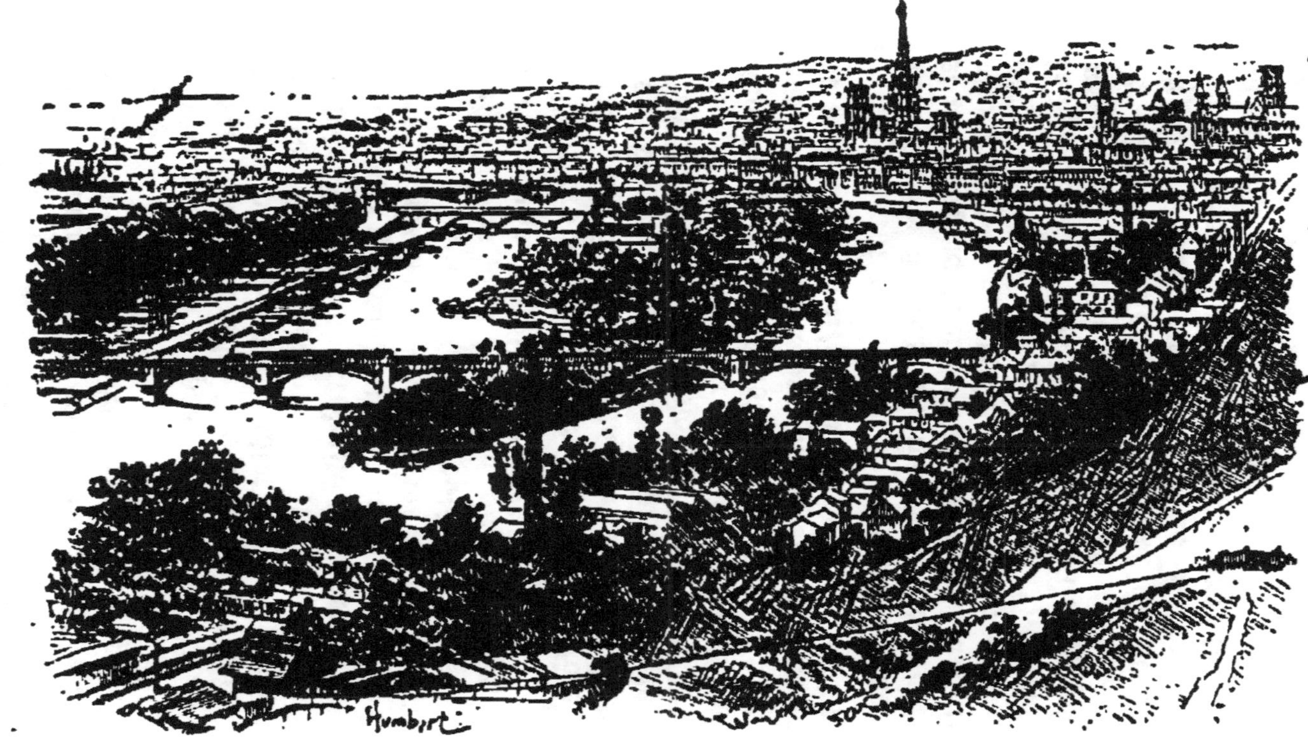

Rouen. — Vue générale prise de Bon-Secours.

doublé porte qui donne accès au passage menant au *portail des Libraires* (v. p. 27); puis vous longez les murs massifs de la face postérieure de l'*Archevéché* (v. p. 37), parmi lesquels vous remarquez les restes de l'anc. *Chapelle des ordres de l'archevéché*, dans laquelle fut tenue la dernière séance du procès de *Jeanne d'Arc*.

Revenez sur vos pas et prenez à dr. la *rue de la Croix-de-Fer*, bordée de vieilles maisons (au n° 20, dans une cour, anc. hôtel de la Renaissance, avec bas-reliefs, le Triomphe de Diane, Hercule et le lion de Némée). A son extrémité, tournez à g. par la *rue St-Nicolas* qui vous amène à la *rue des Carmes* que vous prenez à dr.; vous laissez à dr. la *pl. des Carmes* et vous voyez du même côté, à l'angle de la *rue de l'Hôpital*, la jolie *Fontaine de la Crosse*, rééditée au XIX° s. dans le style du XV° s.

Vous croisez la *rue Thiers*, vaste artère qui conduit de la *pl. Cauchoise* à la *pl. de l'Hôtel-de-Ville* que vous voyez à dr. La rue suivie, qui a pris le nom de *rue Beauvoisine*, vous mène en montant à une grille donnant accès à une cour où s'élèvent à dr. les bâtiments d'un anc. couvent de Visitandines (XVII° s.) occupés par le *Musée d'histoire naturelle* (1re porte, v. p. 53) et le *Musée d'antiquités* (2e porte, v. p. 53).

En sortant du musée d'antiquités, inclinez à dr., vous laissez à g. les bâtiments de l'*École de Médecine et de Pharmacie* et de l'*École supérieure des Sciences et des Lettres* et, par un square où sont déposés des débris des anc. monuments de la ville, vous arrivez à la *rue de la République* vis-à-vis de l'*Amphithéâtre de Physique*; à votre g., vous voyez la belle *Fontaine Ste-Marie* par *de Perthes*, ornée de groupes de *Falguière*, représentant la Ville de Rouen, l'Industrie et le Commerce. Au-dessus, se montre l'*Observatoire populaire*.

Descendez à dr. la *rue de la République*, vous passez, à g., devant le *Petit Collège de Joyeuse* et le *Lycée Corneille* (v. p. 45) et vous arrivez à la *place de la République*, ornée au centre d'une statue équestre de *Napoléon Ier*, par *Vital Dubray*, fondue avec le bronze de canons pris à la bataille d'Austerlitz. En face de la statue, s'ouvre la *rue Thiers*. Derrière, s'élève l'*Hôtel de Ville* (v. p. 38), à côté duquel on découvre la masse élégante de l'*Église Saint-Ouen* (v. p. 29).

En sortant de l'église, tournez à g. pour en longer la façade méridionale et pénétrez dans le joli jardin de l'*Hôtel de Ville* (v. p. 56) que vous parcourez en passant devant le *portail des Marmousets* et en contournant l'abside. Sortez de ce jardin par la grille qui fait face à l'*Hôtel de Ville* et prenez, à g., la *rue de l'Épée* qui aboutit à la *rue Bourg-l'Abbé ;* suivez à dr. la *rue Orbe*, puis montez la 2e rue à g., *rue St-Nicaise*, pour aller voir l'*Église Saint-Nicaise* (v. p. 35).

Revenez à la *rue Orbe* et continuez-la ; à son extrémité, vous atteignez un carr. où s'élève la jolie *Fontaine de la Croix de Pierre*, du style gothique, décorée de statues de saints et d'évêques et reconstruite en 1870 sur le modèle de l'ancienne (1515). Prenez à dr. la *rue Édouard-Adam ;* vous arrivez de suite à la *rue Eau-de-Robec*, une des plus curieuses de Rouen ; la petite rivière du *Robec* en occupe une partie et chaque maison communique avec la chaussée par un pont, une passerelle, une terrasse jetés au-dessus du ruisseau. Plusieurs de ces maisons datent des XVIe et XVIIe s.

Suivez, à dr., la *rue Eau-de-Robec* qui va des boulevards de ceinture (*place St-Hilaire*) à g., jusqu'à la rue de la République à dr.; vous arrivez à la *pl. St-Vivien* où s'élève l'*Église St-Vivien* (v. p. 34).

A la sortie de l'église, traversant la place en obliquant à g., prenez à gauche une large rue, *rue Armand-Carrel;* vous dépassez la *pl. d'Amiens* (à g., caserne) et vous arrivez à la *pl. St-Marc,* occupée par un marché couvert. Tournez de suite à dr. par la *rue Martainville;* au nº 190, à dr., au fond d'une impasse, se trouve l'entrée du *Cloître* ou *Aître St-Maclou* (v. p. 36).

Continuant la *rue Martainville,* vous atteignez l'*Église St-Maclou,* dont vous gagnez la façade en tournant à g. (v. p. 31). Remarquez, au S. de l'église, le *presbytère St-Maclou* avec une merveilleuse façade en bois du xvᵉ s.

Vis-à-vis du portail, dirigez-vous par la *pl. Barthélemy* vers la façade massive de l'*Archevêché* que vous apercevez devant vous; faisant quelques pas à g., prenez à dr., le long du mur de cet édifice, la *rue des Bonnetiers;* vous dépassez l'entrée de l'*Archevêché* (v. p. 37) et vous arrivez sur une petite place, *pl. de la Calende,* devant le *portail de la Calende* de la *Cathédrale.* Descendez à g. pour suivre la *rue de l'Épicerie* (vieilles maisons) qui vous mène à la *pl. de la Haute-Vieille-Tour,* bordée sur trois de ses côtés par les anciennes halles (xiiiᵉ et xviiᵉ s.); au centre du bâtiment qui vous fait face, s'élève le *Monument de saint Romain,* petit édicule de la Renaissance formant perron et couronné d'un dôme à pans terminé par une lanterne à colonnes. A dr., remarquez la *Bourse du Travail.*

Nota. — Les *vieilles halles,* servent de magasins et donnent asile a plusieurs sociétés, notamment l'*École départementale des Beaux-Arts.* Sur cette place, a lieu deux fois par semaine le marché.

Passez sous le *Monument St-Romain,* vous arrivez à la *pl. de la Basse-Vieille-Tour* (à dr., vieille maison) d'où, par l'une des petites rues qui s'ouvrent en face de vous, vous gagnez le *quai de Paris* non loin du *pont Corneille* (v. p. 47).

Suivez le quai à dr. pour revenir au *cours Boïeldieu*, votre point de départ.

Deuxième promenade

Grosse-Horloge, Palais de Justice, Musées de Peinture et de Céramique, Tour Jeanne-d'Arc, Saint-Patrice, Hôtel Bourgtheroulde, Saint-Vincent.

Faisant face à la Seine, suivez à dr. le *quai de la Bourse*, puis tournez à dr. pour remonter la *rue Jeanne-d'Arc*, ᴵ⸗ ge voie bordée de beaux immeubles; vous passez à g. devant l'abside de l'*Église Saint-Vincent*, que vous visiterez plus tard, et vous voyez du même côté, dans un petit square, la *Tour Saint-André* (v. p. 48); dans un angle de ce square, se voit la façade en bois reconstruite d'une vieille maison dite de *Diane de Poitiers* qui occupait la place où a été ouverte la rue Jeanne-d'Arc.

Un peu plus loin, tournez à dr. par la *rue de la Grosse-Horloge* qui vous amène à la *Grosse-Horloge* (v. p. 42) sous laquelle vous passez. Au delà de la voûte, vous voyez à g. l'ancien *Hôtel de Ville*, édifice du XVIIe s. à façade à bossages; du côté de la *rue Thouret*, il est orné du buste de *Thouret*, député de Rouen aux États Généraux de 1792.

Nota. — A dr., au n° 73, on peut, par un passage, aller voir la *maison du Gouvernement*, avec une cour de la Renaissance.

Prenez à g. la *rue Thouret;* vous arrivez directement à la *rue aux Juifs*, sur laquelle donne la façade principale du *Palais de Justice* (pour la description, v. p. 39).

Nota. — Dans la *rue Saint-Lô*, derrière le *Palais de Justice*, et que l'on peut gagner par un passage à g. de la tourelle centrale, se trouvent au n° 22, le portail de l'anc. église St-Lô, du xvᵉ s., et au n° 40, l'*Hôtel des Sociétés Savantes*, anc. palais de la *Présidence de Rouen* du xviiiᵉ s. renfermant le *musée industriel* (v. p. 54).

En quittant la cour du *Palais de Justice*, prenez à dr. la *rue aux Juifs*; vous arrivez à la *pl. Verdrel*, sur laquelle donne la façade moderne du *Palais de Justice* et à la *rue Jeanne-d'Arc* que vous suivez à dr. Vous dépassez à g. la *Poste*; à dr., la *rue Ganterie* (n° 72, maison du xviᵉ s. où habita *Voltaire* en 1731); à g., la *rue des Bons-Enfants* (au n° 136, naquit *Fontenelle*); vous arrivez à la *rue Thiers* que vous traversez pour entrer à dr. dans le *square Solférino* (v. p. 55); par ce joli jardin, dirigez-vous vers le *Palais des Beaux-Arts* où sont installés les *Musées de peinture et de céramique* (v. p. 49) et la *Bibliothèque publique* (v. p. 54).

A la sortie des musées, gagnez à g., en passant devant le *monument de Flaubert*, la *rue Thiers* que vous suivez à g. jusqu'à l'angle du *Palais des Beaux-Arts* (monument du littérateur *Lous Bouilhet*) et suivez à g. la *rue de la Bibliothèque*, où vous voyez à dr. l'anc. *Église Saint-Laurent* (v. p. 35), à g. l'entrée de la *Bibliothèque* et, encore à dr., l'*Église Saint-Godard* (v. p. 31).

Après avoir visité cette église, traversez la petite place triangulaire qui s'étend en face du portail et montez, dans l'angle à dr., la *rue Bouvreuil* qui, sur un carr., incline à g.; une grille à g. donne accès à la *Tour Jeanne-d'Arc* (v. p. 48).

Continuez la *rue Bouvreuil*, croisez la ligne des boulevards (à dr., *boul. Beauvoisine*; à g., *boul. Jeanne-d'Arc*) et prenez, en face, la *rue du Champ-des-Oiseaux*; à l'angle de la *rue de Larochefoucault*, vous parvenez à l'*Église Saint-Romain* (v. p. 31). Descendez la *rue de Larochefoucault* qui laisse à dr. la *Gare de la rive droite* et vous mène à la *rue Verte*.

suivant cette rue à g., vous arrivez à un carrefour où s'élève la statue d'*Armand Carrel* par *A. Lefebvre :* Descendez en face de vous la *rue Jeanne-d'Arc*, percée sur l'emplacement de la tour où Jeanne d'Arc fut enfermée. Arrivé au *square Solférino* tournez à dr. par la *rue Saint-Patrice* où vous rencontrez à dr. l'*Église Saint-Patrice* (v. p. 32).

Continuant par la même rue, bordée de quelques vieux hôtels, vous parvenez à la *rue Thiers* qui vous mène, à dr., à la *pl. Cauchoise* ornée, au centre, du monument de *Pouyer-Quertier*, œuvre de *Guilloux.*

NOTA. — Si vous disposez de tout votre temps, vous pouvez, en traversant à dr. la place en oblique et en suivant la *rue St-Gervais* et son prolongement la *rue Chasselièvre*, aller voir l'*Eglise St-Gervais* (v. p. 35).

Si vous êtes pressé au contraire, descendez tout droit à g. le *boul. Cauchoise* jusqu'au quai où vous reprendrez la suite de notre itinéraire.

Descendez à g. le *boulevard Cauchoise;* vous laissez à dr. la *rue de Crosnes* à l'extrémité de laquelle vous voyez l'*Hôtel-Dieu*, et vous découvrez à g. les jardins et la partie postérieure de la *Préfecture*, dont l'entrée se trouve *rue Fontenelle;* prenez à dr. la *rue du Contrat-Social ;* à son extrémité, vous êtes sur la *pl. de la Madeleine* où s'élève à dr. l'*Église Sainte-Madeleine* (v. p. 35).

En face de cette église, suivez la large *avenue Pasteur* qui vous mène au bord de la Seine sur le *quai Gaston Boulet* que vous suivez à g. et qui vous conduit au *Pont transbordeur* (v. p. 47).

Continuez à remonter la *Seine* par le *quai du Havre* et engagez-vous dans la 3e rue à g., *rue Saint-Éloi* (au n° 30, anc. *hôtel des Monnaies*, du XIVe s.) qui vous mène au *Temple Saint-Éloi* (v. p. 36). Contournez-le par la g. et prenez, au fond de la place, à dr., la *rue du Panneret* vous conduisant à la *pl. de la Pucelle-*

d'*Orléans*, au centre de laquelle s'élève la *fontaine de la Pucelle*, surmontée d'une statue en marbre blanc lourde et sans style de *Jeanne d'Arc*, et érigée à l'endroit où longtemps on plaça le lieu de supplice de l'héroïne. A dr., se trouve l'*Hôtel Bourgtheroulde* (v. p. 44).

Traversant cette place vers la g., vous gagnez la *place du Vieux-Marché* sur laquelle vous vous avancez pour prendre, entre les deux pavillons du marché couvert, le trottoir de g. ; à l'extrémité du pavillon que vous suivez, vous voyez à vos pieds une plaque encastrée dans le trottoir et portant ces mots : « Jeanne d'Arc, 30 mai 1431 » ; vous êtes à l'endroit où l'héroïne subit le martyre.

NOTA. — Dans la *rue de la Prison* qui s'ouvre au N. vis-à-vis du centre du pavillon de dr., vous pouvez aller voir à g. la *Synagogue*, occupant l'anc. *église Ste-Marie-la-Petite*, du XVIᵉ s. (v. p. 38).

Derrière le pavillon de g., se trouve le *Théâtre Français*, installé dans l'anc. jeu de paume.

De la plaque commémorative, revenez sur vos pas et, continuant d'abord tout droit par la *rue Rollon*, prenez à d. la *rue Écuyère* que prolonge la *rue de la Vicomté*, rue étroite et tortueuse vous amenant à une place où s'élève à g. l'*Église Saint-Vincent* (v. p. 33).

Continuant la *rue de la Vicomté*, vous débouchez sur le *quai du Havre* où se trouve à dr. la *Douane* (v. p. 45) et qui vous ramène à g. au *quai de la Bourse* et au *Cours Boïeldieu*.

POUR MÉMOIRE. — Les touristes qui disposeront de deux heures et qui voudront connaître les quartiers de la rive g., pourront suivre l'itinéraire suivant : Par les quais de la rive dr., gagner le *pont transbordeur*, sur lequel on traverse la *Seine*; suivre à g. le *quai Cavelier de la Salle* et s'engager dans la 2ᵉ rue à dr., *rue Amiral-Cécille*, qui longe les *docks* à g. et la *caserne Pélissier* à dr., et aboutit sur un carrefour, où l'on prend à g. la *rue du Pré*. On arrive ainsi à l'*église St-Sever* (v. p. 36), vis-à-vis de laquelle aboutit la *rue St-Sever* venant du *pont Boïeldieu*. Prendre un peu à droite de celle-ci la *rue Lafayette* qui mène directement à l'entrée du *pont Corneille*; remonter à dr. la *Seine* par le *quai d'Elbeuf* où se trouve à dr. la *gare de la rive gauche* et parcourir le *Grand Cours* (v. p. 56) qui prolonge le quai. Revenant au *pont Corneille*, le traverser, en remarquant à g., dans l'*île Lacroix*, la statue de *Corneille*, par *David d'Angers*, et gagner la rive dr., vis-à-vis de la *rue de la République*; le *quai de Paris* conduit à dr. au *Champ-de-Mars* en passant à g. devant l'anc. *porte Guillaume-Lyon*, du xviiie s.; à g., il mène au *Cours Boïeldieu*.

MONUMENTS RELIGIEUX

Cathédrale Notre-Dame. — L'une des plus belles de France, cette cathédrale fut commencée dans les premières années du xiiie s. à l'emplacement d'une église détruite par un incendie. Elle ne fut terminée qu'au xvie s.

Extérieur. — La *façade principale*, terminée en 1525, donnant sur la *place de la Cathédrale*, se fait remarquer par la profusion de ses sculptures dentelées et ses nombreuses statues mutilées pour la plupart.

Au centre, s'ouvrent 3 portails séparés par des contreforts richement sculptés; au tympan du *portail central*, est figuré en bas-relief l'arbre de Jessé; les vantaux des portes en bois sont sculptés dans le style de la Renaissance; le tympan de celui de dr. montre des scènes de la vie de St-Jean, Salomé devant Hérode, la Décollation de St-Jean et Salomé recevant la tête du saint; le tympan du portail de dr. complètement dégradé, figurait le triomphe du Christ et la lapidation de St-Étienne.

Au-dessus du *portail central*, s'élève un gâble finement sculpté, cachant à moitié une magnifique rose inscrite dans une ogive bordée d'une fine dentelle de pierre; au-dessus, court une série de niches couronnées de dais d'une finesse surprenante et surmontée; d'un pignon que termine une croix, tandis que deux lanternons octogones surmontés de clochetons le flanquent des deux côtés.

Les portails latéraux qui s'ouvrent entre les contreforts ornés de statues et terminés par un clocheton, sont surmontés de trois étages d'arcatures formant niches, abritant des statues et couronnés par un arc ogif finement sculpté.

Deux petites tours carrées formant contreforts, revêtues d'arcatures et terminées par un petit clocheton ajouré, relient les façades aux deux hautes tours qui la flanquent.

La tour de g., dite *tour St-Romain*, repose sur une base massive en pierres de petit appareil, seul reste de l'église primitive; elle est décorée de 4 étages d'arcatures aveugles romanes dans le bas, de transition au milieu et gothiques en haut, et elle est terminée par un clocher carré qui renferme le mécanisme de l'horloge et les cloches dont le bourdon (7.500 kg.), que surmonte un toit pyramidal en ardoises.

La tour de dr., appelée *tour de Bearre*, parce qu'elle fut construite avec l'argent donné par les fidèles pour obtenir la permission de faire usage du beurre pendant le carême, est une des plus gracieuses créations du XVᵉ s.; elle est décorée d'arcades ogivales entre lesquelles s'appuient des contreforts ornés de statues et couronnés de pinacles ouvragés: carrée à sa base, elle se termine sur un plan octogone et sa plate-forme est entourée de fines sculptures (75 m.).

Au centre de la croisée, se dresse une tour carrée en pierre ornée d'arcatures ogivales, au-dessus de laquelle s'élève un clocher en fonte terminé par un lanternon, et flanqué à sa base de quatre clochetons également en fonte; le sommet de ce clocher gigantesque est à 148 m. au-dessus du sol de la cathédrale.

On peut faire l'ascension du clocher; cette course pénible, mais qui offre un splendide panorama, ne doit pas être faite par les personnes sujettes au vertige. S'adresser au gardien qui demeure près du *portail des Libraires* (v. ci-dessous); on donne 2 fr. pour une ou plusieurs personnes.

Le *portail latéral du Sud*, ou *portail de la Calende*, que l'on peut aller voir en prenant à dr. la *rue du Change*, date de la fin du XIIIᵉ s.; il fut restauré en 1869; il s'ouvre entre deux tours carrées inachevées; un gâble ajouré le surmonte ainsi qu'une rose que domine, sous un dais, un groupe en pierre représentant le Couronnement de la Vierge ; au tympan, scènes de la Passion.

Le portail du Nord, dit *portail des Libraires,* s'ouvre du côté de la *rue St-Romain,* à l'extrémité d'un passage bordé de vieilles maisons où étaient jadis les boutiques de libraires, et fermé du côté de la rue par un double porche surmonté d'une galerie à jour. Il rappelle la disposition du portail du Sud, mais est moins chargé de sculptures ; il comporte deux gâbles, l'un au-dessus du portail, l'autre au-dessus de la rose ; au tympan, le Jugement dernier.

L'ensemble de l'église qui n'est pas dégagée au N. et à l'abside où elle est accolée à l'archevêché, est entouré de belles balustrades et d'une multitude de pinacles, de niches, de statues, le tout finement sculpté.

Intérieur. — NEFS. — La cathédrale est divisée en 3 nefs de 11 travées, les nefs latérales bordées de chapelles ajoutées postérieurement à la construction de l'église. La nef centrale est séparée des nefs latérales par des arcades très étroites formées par des piliers à faisceaux de colonnettes ; au-dessus de ces arcades, s'ouvre une autre série d'arcades basses que surmontent des balustrades et des arcs surbaissés dans les 1res travées et des arcatures ogivales pour les 4 dernières ; au haut de chaque travée, une fenêtre répand la lumière. Buffet d'orgues des XVIIe et XVIIIe s.

BAS-COTÉ DROIT. — 1re *chap.,* St-Etienne, établie sous la tour de Beurre, occupe 2 travées ; rétable moderne, tombeaux anc. — 5e *chap.,* Ste-Colombe ou des Innocents, avec des bas-reliefs en marbre blanc du XVIIe s. (vie de la Vierge). — 6e *chap.,* Ste-Catherine, panneaux peints sur bois. — 7e *chap.,* monument de l'explorateur *Cavelier de la Salle.* — 8e *chap.,* Ste-Marguerite, vitrail du XVIe s., la Dérision du Christ et le Portement de Croix. — 9e *chap.,* Petit Saint-Romain, tombeau de *Rollon,* duc de Normandie ; vitrail du XIVe s., vie de St-Romain.

BAS-COTÉ GAUCHE. — 5e *chap.,* St-Julien, vitrail des XIVe et XVIe s., scènes de la Passion. — 6e *chap.,* St-Sever, vitrail des XIVe et XVIe s., scènes de la Passion. — 8e *chap.,* St-Nicolas, belle grille en fer forgé ; rétable du XVIIIe s. — 9e *chap.,* Ste-Anne ; tombeau de *Guillaume Longue-Épée.*

Transept. — Le transept, bordé de collatéraux, se termine par des murs percés de belles roses au-dessous desquelles court une galerie de fines arcatures, et ornés de pinacles sculptés; il est entouré d'un triforium formé d'arcatures ogivales. Dans le *croisillon du Sud*, sont la *chapelle du Grand Saint-Romain* (vitraux des xve et xvie s., vie de St-Romain) et la *chapelle de St-Joseph* ou du *St-Esprit*, en forme d'absidiole. Dans le *croisillon du Nord*, on remarque un très joli escalier en pierre sculptée de la fin du xve s. qui menait à la *Bibliothèque* renfermant le *Trésor*, que l'on peut demander à visiter, les *chapelles du St-Sacrement* et de *N.-D. de Pitié* et l'entrée de la *Sacristie* occupant une très jolie salle avec voûte en ogive soutenue par des piliers (tapisseries d'Aubusson).

A la *croisée*, s'élève une lanterne carrée voûtée en ogive occupant la base de la grande tour centrale.

Chœur. — Le chœur se compose d'une partie rectangulaire à 5 travées et une partie en demi-octogone séparée du déambulatoire par de hauts piliers cylindriques. On y remarque de belles stalles en bois sculpté exécutées à la fin du xve s. aux frais du cardinal d'Estouteville.

Pourtour du Chœur. — Le déambulatoire qui entoure le chœur n'est visible que sous la conduite du suisse de service (rétribution). En commençant par la dr., on rencontre à g., le long de la clôture du chœur, le tombeau moderne de *Richard Cœur-de-Lion* (il en renferme le cœur); à dr., derrière une charmante clôture du xvie s., c'est la *chapelle St-Barthélémy*, à laquelle donne accès une porte en fer du xve s. et qui, par une autre porte du xiiie s., permet d'accéder à l'anc. *sacristie des Chanoines.*

A l'abside, s'ouvre la belle *chapelle de la Vierge*, bâtie au comm. du xiiie s., elle est éclairée sur les côtés par des vitraux des xive et xve s. représentant 24 archevêques de Rouen. Au-dessus du maître-autel, entouré de sculptures sur bois doré du xviie s., se voit l'Adoration des Bergers par *Ph. de Champaigne*. A g., s'élève d'abord le tombeau de *Pierre de Brézé*, tué à la bataille de Montlhéry en 1465, œuvre du xve s.; à côté, c'est le beau tombeau élevé à la mémoire de *Louis de Brézé* par *Diane de Poitiers*, sa veuve; c'est une des plus merveilleuses productions de la Renaissance.

Le mausolée est supporté par quatre colonnes en marbre noir ; au centre, se trouve un cercueil sur lequel le défunt est représenté au moment où il vient d'expirer ; la statue de g. est celle de *Diane de Poitiers* ; la Vierge tenant l'Enfant Jésus lui fait pendant. On remarque, au-dessus du monument, la statue équestre du sénéchal, et, de chaque côté, de délicieuses et mignonnes cariatides couronnées de fleurs, représentant la Prudence, la Gloire, la Victoire et la Foi. On attribue cette œuvre admirable à *Jean Goujon* ou à *Jean Cousin.*

Près de ce monument se voit encore, à g., le tombeau du *prince de Croy,* archevêque de Rouen (1844).

A dr., se dresse le magnifique tombeau des *cardinaux d'Amboise,* œuvre remarquable de la Renaissance, élevée de 1520 à 1525, sur les dessins de *Rouland le Roux.* Les deux cardinaux, l'oncle, ministre de Louis XII, et son neveu, sont représentés agenouillés sous une espèce de demi-voûte toute couverte de sculptures ; derrière les statues, bas-relief représentant St-Georges et les statuettes de la Vierge, de St-Jean-Baptiste, de St-Romain, d'un évêque, d'un archevêque et d'un moine ; au-dessus, une série de bas-reliefs représente les apôtres ; au bas, 6 statues personnifient les vertus théologales.

Continuant par le déambulatoire éclairé de vitraux du XIII° s., on arrive à la 3° chap. du pourtour, *chapelle de St-Pierre et St-Paul,* où l'on remarque le mausolée du *cardinal de Bonnechose,* archevêque de Rouen, par *Chapu* ; à g., du côté du chœur, tombeau moderne de *Henri-le-Jeune.*

Saint-Ouen. — La plus belle église de Rouen après la cathédrale, elle se dresse sur la place de l'Hôtel-de-Ville. C'est un magnifique édifice, spécimen parfait du style gothique rayonnant. Cette église fut élevée pour la plus grande partie de 1318 à 1339 par *Berneval,* à l'emplacement d'une anc. église abbatiale construite au XI° s. qui avait elle-même succédé à celle que Saint-Ouen avait fait bâtir au VII° s. La façade principale fut construite au milieu du XIX° s.

Extérieur. — La façade principale moderne comporte un

portail central avec une verrière, au tympan surmonté d'un grand gâble très ajouré derrière lequel s'ouvre une rose ; au-dessus, une galerie ornée de statues. Les deux petits portails latéraux, couronnés de petits gâbles, sont surmontés de deux tours octogones percées de hautes ouvertures et terminées par des clochers en pierre à pans.

A la croisée, se dresse une tour carrée, à hautes fenêtres du gothique flamboyant surmontée d'une tour octogone

ROUEN. — Eglise Saint-Ouen.

ajourée, flanquée de contreforts et terminée par une balustrade finement sculptée formant comme une couronne (82 m.), appelée la *couronne de Normandie*.

A l'extrémité du croisillon S., s'ouvre, sur le *jardin de l'Hôtel-de-Ville*, le *portail des Marmousets*, précédé d'un porche à pendentifs du xve s. et orné au tympan d'un bas-relief figurant l'Ensevelissement de la Vierge, son Assomption et sa Glorification. Au-dessus de ce porche, est aménagée une petite salle renfermant la bibliothèque. Dans le pignon, décoré de statues de bienfaiteurs de l'abbaye, s'ouvre une très belle rose.

A l'extérieur, en contournant l'abside, on peut voir, contiguë à l'Hôtel de Ville, une petite tour romane à 2 étages, la *Chambre aux Clercs*, seul reste de l'édifice du xie s.

Intérieur. — L'église abbatiale de St-Ouen, construite sur le plan d'une croix latine, a 137 m. de long sur 26 m. de large ; elle comporte 3 nefs de 10 travées ; la nef principale, d'une grande élévation (33 m.), est entourée d'un joli triforium éclairé par des vitraux des XIVe, XVe et XVIe s., ainsi que ceux qui garnissent les fenêtres qui s'ouvrent au-dessus. Dans la nef, on remarque, en outre, les orgues du XVIIe s., la chaire en bois sculpté et, dans la nef du N., un tableau, la Multiplication des pains, par *Hallé.*

Le transept, éclairé par des vitraux du XIVe s. et par une magnifique rose établie au-dessus du portail des Marmousets, est bordé d'un collatéral.

Le chœur, fermé par une élégante grille en fer forgé du XVIIIe s., est entouré d'un déambulatoire où s'ouvrent 8 chapelles latérales et 3 chap. absidiales (s'adresser au suisse de service (rétribution).

2e *chap.* (par la dr.), ouverture de la porte sainte par le cardinal de Bouillon, légat du pape, tableau de *Mauviel* ; — 3e *chap.*, mort de St-François d'Assise, par *Lesueur* ; — 6e *chap.*, de la Vierge, à l'abside ; — 8e *chap.*, la Flagellation, par *Wohlgemuth* ; — 9e *chap.*, la Flagellation, par *Marigny* ; — 10e *chap.*, tombeau de *Berneval* et de son fils, architectes de l'église ; retable du XVIIIe s. ; dans ces diverses chapelles, tapisseries du XVIe s. et vitraux des XIVe et XVe s.

Nota. — On peut faire l'ascension de la tour centrale, s'adresser au suisse (rétribution).

Saint-Maclou. — Située derrière la cathédrale, vis-à-vis de *l'archevéché*, commencée au XVe s. sur les plans d'un architecte nommé *Pierre Robin*, et terminée au commencement du XVIe s., grâce aux subsides des cardinaux d'Amboise, cette église mesure 47 m. de long sur 23 de large, collatéraux compris.

Extérieur. — La façade polygonale se divise en cinq portails surmontés de gâbles, dont deux ont été fermés. Le bas-reliefs qui couronne le portail principal représente la Résurrection et le Jugement dernier.

Deux de ces portes sont remarquables par leurs vantaux sculptés aussi bien intérieurement qu'extérieurement représentant des scènes du Nouveau et de l'Ancien Testament

Les vantaux d'un petit portail latéral qui s'ouvre au N., sont également sculptés.

Autrefois, un joli clocher de forme pyramidale, de 37 m. 34 de hauteur, couronnait l'édifice ; survint en 1705 un ouragan qui en compromit la solidité ; il fut alors démoli et remplacé par un beffroi qui fait place aujourd'hui à un élégant clocher réédifié en 1869, œuvre de M. *Barthélémy*, architecte diocésain.

A l'angle N. de la façade, se voit, accolée à l'église, une fontaine de la Renaissance, très abîmée, et attribuée à *Jean Goujon*.

Intérieur. — L'église St-Maclou se divise en 3 nefs avec chap. latérales. La nef principale, très courte, est entourée d'un très joli triforium du style flamboyant ; à la croisée, s'élève une lanterne établie dans la partie inférieure du clocher. Remarquer le magnifique escalier en pierre sculptée à jour qui conduit à la tribune de l'orgue, soutenue par deux colonnes en marbre noir dont les chapiteaux furent sculptés par *Jean Goujon ;* la magnifique rose qui s'ouvre au-dessus de l'orgue ; les verrières du croisillon N. et des chapelles qui, au nombre de 8, entourent le chœur.

Nota. — C'est près de St-Maclou que l'on peut visiter le *cloître St-Maclou* (v. ci-après, p. 36).

Saint-Patrice. — Cette église, située dans la *rue Saint-Patrice*, non loin du boul. Jeanne-d'Arc, fut bâtie dans la 1re moitié du xvie s. ; le portail est moderne. Elle est divisée intérieurement en 3 nefs, les nefs latérales se dédoublant à hauteur du chœur. Cette église est justement célèbre pour ses verrières, exécutées à la fin du xve s. et au comm. du xvie s.

A remarquer la chaire, style Renaissance, provenant de l'église St-Lô.

Les vitraux du chœur représentent la Passion, la Mort et la Résurrection du Christ.

Ceux du collatéral de droite : la Femme adultère (qui provient de l'église St-Godard). l'Adoration des Mages, l'histoire de saint Jean-Baptiste, le Passage de la Mer Rouge, le Lavement des Pieds, l'Annonciation, la Nativité, la Compassion, la Visitation, etc. et quelques grisailles représentant la Vierge, Jésus, saint Jacques, etc.

Ceux du collatéral de gauche : l'histoire de saint Patrice, de saint Louis, de saint Eustache, de Job (provenant de St-Godard), de saint Fiacre, de saint Faron, évêque de Meaux, et le Triomphe de la loi de grâce, cette dernière la plus célèbre, dans la chap. de la Vierge, sujets allégoriques.

Dans la chapelle de la Vierge, à g., tableau, saint Pierre guérissant un boiteux, par *N. Poussin*; dans la chapelle de la Passion, sainte Justine, par *Mignard*.

Saint-Vincent. — Cette église, située *rues de la Vicomté* et *Jeanne-d'Arc*, est aujourd'hui dégagée des habitations qui l'obstruaient. Elle est des xvie et xviie s.

Son porche gothique est soutenu par deux colonnes sculptées ; au-dessus de la porte d'entrée, on voit encore un bas-relief mutilé, qui représente le Jugement dernier, d'après *Michel-Ange*. Au-dessus, balcons en pierre à claire-voie ; le portail du S. a de jolis vantaux en bois sculptés. Un clocher du xviie s. la surmonte.

A l'intérieur, elle se divise en 5 nefs, sans transept ; cette église est surtout connue pour ses précieux vitraux, la plupart du comm. du xvie s.

Dans le bas-côté de droite, à la chapelle de la *Pieta*, on remarque trois vitraux, représentant la Vierge à genoux au milieu des apôtres, et un splendide Triomphe de la Religion.

Dans le bas-côté de gauche, parmi les sujets des verrières, on distingue les œuvres de Miséricorde (1530); à l'abside de la chap., à g. du chœur, les scènes de la vie de saint Jean-Baptiste et la décollation de ce saint, la légende de saint Antoine de Padoue, l'arbre de Jessé, la Glorification de la Vierge.

La verrière qui est au-dessus de l'entrée du portail latéral du Sud, représente des scènes du Jugement dernier : des anges sonnent de la trompette, un autre pèse dans une balance les hommes et les femmes, dans un état de nudité qui choquerait aujourd'hui dans nos églises. Les élus triomphent et les damnés s'agitent dans les flammes.

Dans le déambulatoire, vitraux représentant la vie du Christ avant et après sa Passion, et le martyre de saint Vincent.

Le vitrail de la chapelle de la Sainte-Vierge, à l'abside, représente Jésus-Christ en croix, entre les deux larrons.

L'église possède, en outre, de belles tapisseries qui sont exposées aux jours des fêtes solennelles.

Saint-Godard. — Cette église, située sur la *place Saint-Godard* derrière le *Musée*, est un édifice de la fin du xv⁰ s. et du comm. du xvi⁰ s.

Une tour carrée inachevée la flanque. L'intérieur comporte 3 nefs d'égale hauteur voutées en bois, celle du centre se terminant par une abside à 3 pans.

Remarquer la chaire moderne en bois sculpté; les peintures murales du chœur, par *Le Hénaff*, représentant le Sacerdoce chrétien dans ses différentes phases; les vitraux de la *chap. de la Vierge* (nef de g.), du xvi⁰ s., figurant l'arbre de Jessé; ceux de la *chap. St-Romain* (nef de dr.), du xvi⁰ s. également, relatifs à la vie de saint Romain; les vitraux modernes qui ornent les diverses fenêtres et qui ont trait à divers faits historiques, et enfin, le tombeau des présidents *de Bezdelièvre*, avec statue en marbre.

Saint-Vivien. — *Place Saint-Vivien* à l'angle de la rue du même nom, édifice des xiv⁰, xv⁰ et xvi⁰ s. L'intérieur est divisé en 3 nefs; la nef de g. se dédouble en allant vers l'abside, la nef de dr. est voûtée en bois en forme de carène.

Remarquer le buffet d'orgues sculpté par les frères *Anguier* (xvii⁰ s.), le groupe en marbre qui surmonte le maître-autel, les beaux vitraux modernes ayant trait à la vie de saint Vivien qui décorent la façade Ouest.

Saint-Romain. — Anc. chapelle des Carmes, située rue de Larochefoucault à l'angle de la rue du Champ-des-Oiseaux, fut bâtie à la fin du xvii⁰ s. et au comm. du xviii⁰ s.; sans aspect extérieur, cette égl. offre à l'intérieur une grande richesse d'ornementation et affecte la disposition en forme de croix avec coupole des églises de cette époque.

Remarquer les fresques par *Dupuy Delaroche*, qui décorent la coupole (vie de saint Romain), le maître-autel sous lequel est placé le tombeau du saint ; quelques vitraux anciens, et les fonts baptismaux dont le couvercle est orné de bas-reliefs figurant des scènes de la Passion.

Saint-Nicaise. — *Rue Saint-Nicaise* près de la *rue Orbe*, édifice inachevé du XVIe s. ; elle est à 3 nefs de même largeur voûtées en bois.

Remarquer un retable du XVIIe s. et dans la nef de g. des vitraux du milieu du XVIe s.

Sainte-Madeleine. — Près de l'*Hôtel-Dieu*, sur la *place de la Madeleine*, cette église fut construite à la fin du XVIIIe s. ; elle est précédée d'un grand portique à colonnes cannelées à chapiteaux corinthiens.

L'intérieur, en forme de croix latine, est orné de belles colonnades. Remarquer un tableau de *Restout*, la Conversion de St-Paul, et deux tableaux de *Vincent*, la Guérison du Paralytique et la Guérison de l'Aveugle.

Saint-Laurent. — Église maintenant désaffectée et servant de magasins, située derrière le Musée en bordure de la *rue Thiers*.

C'est un joli édifice du style gothique élevé aux XVe et XVIe s. Une balustrade, composée de lettres en pierre dont il reste quelques débris, l'entourait en formant des sentences. Une haute tour bien conservée la flanque au N.

Saint-Gervais. — *Faubourg Bouvreuil, rue Chasselièvre*, sur une éminence au N. de l'*Hôtel-Dieu* ; on s'y rend de la *pl. Cauchoise* par la *rue Saint-Gervais*.

Cette église moderne a été élevée sur une crypte du IVe s. où se trouve le tombeau d'*Avitien* successeur de *saint Mellon* ; on peut visiter cette crypte en s'adressant au sacristain (retribution).

Saint-Sever. — Sur la rive g., à l'extrémité de la *rue Saint-Sever*; c'est un bel édifice moderne dans le style de la Renaissance, avec un portail orné de statues.

Saint-Clément. — Également sur la rive g., cette église moderne a été construite dans le style roman.

Sur la pl. Saint-Clément qui la précède, s'élève le monument de *l'abbé de la Salle*, fondateur de l'ordre des Frères des Écoles chrétiennes, œuvre de *Falguière*, *de Perthes* et *Legrain*.

Saint-Hilaire. — Située dans le faubourg Saint-Hilaire, sur la route de Darnétal, cette église moderne, de style roman, est ornée de fresques de *Perrodin*.

Saint-Éloi. — Édifice du xvie s., situé au S. du Vieux-Marché à l'extrémité de la rue Saint-Éloi; cette église a été convertie en temple protestant; on remarque l'élégante élévation des voûtes, de belles orgues, et un tombeau du xvie s.

Aître Saint-Maclou. — Rue de Martainville, 190; l'entrée se trouve au fond et à dr. d'une sorte d'impasse. Pour visiter ce cloître, dont les galeries sont occupées par une école, s'adresser à la concierge qui prête une notice (rétribution).

L'aître Saint-Maclou est l'anc. cimetière de la paroisse Saint-Maclou désaffecté en 1790; c'est une cour rectangulaire (48 m. sur 32), bordée sur ses quatre faces de galeries en bois soutenues par des colonnes de pierre. Toutes les poutres qui forment ces galeries sont recouvertes de sculptures représentant des crânes, des ossements et des attributs, tandis que les colonnes étaient sculptées en haut-relief de statuettes formant une sorte de danse des morts.

— Cette scène devait se composer de cinquante-six personnages, y compris les squelettes. Elle fut commencée en 1526 et a cette particularité unique, qu'elle ne représente que des souverains, des seigneurs, des pontifes et des moines et que les femmes n'y figurent pas. Les personnages sont malheureusement mutilés; on reconnaît seulement, sous une voûte, Adam et Ève, qui président d'ordinaire ces assemblées funèbres, et le serpent, sous la forme d'une jeune femme dont le torse est terminé en queue de reptile. » Ces sculptures sont l'œuvre du sculpteur Denis Lesclin, pour 3 des faces, la 4ᵉ, côté sud, ayant été faite en 1640.

Rouen. — L'Aître Saint-Maclou.

Archevêché. — L'archevêché situé derrière la cathédrale et bordé par les *rues Saint-Romain, de la République* et *des Bonnetiers*, fut comm   ré en 1461 par le *Cardinal d'Estouteville* et terminé par le *Cardinal Georges d'Amboise*. Il a été remanié au XVIIᵉ par Mansart qui construisi* la porte d'entrée ornée de sculptures sur la rue des Bonnetiers.

Cet édifice présente extérieurement des façades massives flanquées de contreforts et de tourelles, percées de peu d'ouvertures qui lui donnent l'air d'une forteresse. A l'int., qu'on ne peut visiter, sont, dans la *galerie des États*, quatre grands tableaux, vues de Rouen, du Havre, de Dieppe et de Gaillon, par *Hubert Robert*.

Le palais actuel a été habité, en 1508, par *Louis XII*, et par le *Dauphin* en 1531. Ce fut là que résidèrent pendant quinze jours, en février 1650, *Anne d'Autriche* et son jeune fils, accompagnés de *Mazarin*.

Pour mémoire. — Citons encore parmi les édifices religieux de Rouen : l'*église Saint-Paul*, édifice moderne, sur la *place Saint-Paul*, au pied de la *côte Sainte-Catherine* à l'entrée de la route de Paris ; la *chapelle Saint-Joseph*, rue du Nord ; la *chapelle du Sacré-Cœur*, rue du Mont-Riboudet ; la *Synagogue*, occupant l'anc. *église Sainte-Marie-la-Petite* (XVIe s.) à l'angle de la rue des Bons-Enfants et de la rue de la Prison.

MONUMENTS CIVILS

Hôtel de Ville. — Situé sur la *place de l'Hôtel-de-Ville*, vis-à-vis de la *rue Thiers*, l'Hôtel de Ville, relié au transept nord de l'église Saint-Ouen, faisait autrefois partie de l'abbaye de Saint-Ouen. Sa façade se compose de deux pavillons parallèles et, au centre, d'un péristyle.

Le fronton, supporté par des colonnes d'ordre corinthien, est orné des armes de la ville de Rouen, que soutiennent d'un côté Mercure, avec les attributs du Commerce, de l'autre, l'Industrie sous la figure de Minerve. Ces sculptures sont l'œuvre de *Dantan*. Au fond du vestibule, en face de l'entrée, est le jardin (v. p. 56).

Dans le vestibule, d'où partent deux galeries desservant tout le rez-de-chaussée, se trouve l'entrée de la grande *salle des Cérémonies*. De chaque côté de la porte, on voit : à g., la statue en marbre de *P. Corneille*, par *Cortot*, et, à dr., une statue en marbre de *Jeanne d'Arc* sur le bûcher, par *Feuchère*. La salle des Cérémonies est ornée des portraits des personnages célèbres nés à Rouen.

L'escalier en pierre établi à dr. du vestibule est d'une élégance et d'une légèreté remarquables ; il est orné d'une rampe en fer forgé d'un admirable travail.

Remarquez au premier palier de l'escalier, dans une niche,

la *statue de Louis XV* (par *Lemoine*), et, de chaque côté, les tables de marbre, rappelant les noms des bienfaiteurs de la ville. En face, les bustes des frères *Pierre* et *Thomas Corneille*.

Un autre grand escalier, également fort remarquable, partant de l'extrémité de la galerie de dr. du rez-de-chaussée, dessert les deux étages de l'*Hôtel de Ville*.

Au 1er étage, dans une annexe, construite à g., se trouve la *salle des délibérations du Conseil Municipal*, décorée de 6 grandes compositions relatives à l'histoire de Rouen par *Paul Baudouin*.

Palais de Justice. — Le *Palais de Justice*, véritable joyau de l'art gothique et de la Renaissance, occupe un vaste rectangle compris entre la *rue des Juifs* au S., la *rue Saint-Lô* au N., la *rue Jeanne-d'Arc* à l'O. et la *rue Boudin* à l'E.

Il fut élevé par *Louis XII*, en 1499, pour l'Échiquier de Normandie, dont ce roi avait fixé la résidence à *Rouen;* il est l'œuvre des architectes *Roger Ango* et *Laurent Leroux*.

Impossible de ne pas être saisi d'admiration en face de cette merveilleuse construction, fouillée comme des ivoires de Chine, et qui se compose d'un bâtiment principal et de deux ailes, aux élégants clochetons, formant retour d'équerre, et encadrant une cour qui s'ouvre sur la *rue des Juifs*.

Extérieur. — La *façade principale*, longue de 66 m., au centre de laquelle s'avance une jolie tourelle octogone recouverte d'arabesques sculptées et terminée par un toit pointu, comporte un étage de hautes fenêtres carrées à meneaux reposant sur un rez-de-chaussée à ouvertures en arcs surbaissés; les fenêtres sont séparées par des contreforts ornés de niches avec dais et surmontés de hauts pinacles.

Au-dessus de l'étage court une balustrade sur laquelle repose par des colonnes une série de petites arcades couplées deux à deux dont les retombées supportent des pinacles et des statues représentant Louis XII, Anne de Bretagne, le cardinal d'Amboise, François 1er, la Justice, un laboureur une paysanne, une dame, un seigneur, un moine et un artiste. En arrière de la balustrade, s'élève un haut comble en ardoises percé de petites lucarnes, et où s'ouvrent quatre merveilleuses fenêtres à encadrements de pierre finement sculptés, flanquées de pinacles et se reliant par des contreforts à ceux de la façade.

Les ailes, plus simples comme ornementation, comportant également un seul étage sur rez-de-chaussée, sont surmontées de trois fenêtres qui s'ajustent dans le comble et qu'entourent également des cadres de pierre sculptés; ces ailes se terminent sur la rue par des tourelles octogones surmontées de clochetons en pierre. L'aile de droite reconstruite au milieu du xixᵉ s., à la suite d'un incendie qui l'avait détruite en 1812, est précédée au centre d'un escalier qui donne accès au 1ᵉʳ étage ; l'aile de g. présentait le même aspect; mais un projet malencontreux a fait récemment reporter l'escalier dans l'angle près de la rue, nuisant ainsi à l'harmonie de l'ensemble.

La façade postérieure que borde la rue Saint-Lô (une voûte à g. de la tourelle permet d'y accéder) offre une jolie suite de tourelles et de contreforts sculptés avec pinacles séparant les fenêtres ; au-dessus du comble s'élèvent également ment des hautes fenêtres à encadrements sculptés.

Le *Palais de Justice* a été augmenté à la fin du xixᵉ s. par l'adjonction du côté de la *rue Jeanne-d'Arc* d'un corps de bâtiment se reliant exactement au reste de l'édifice et servant aux services du Tribunal civil; il présente une façade, dans le style du xvᵉ s., qui forme un pastiche assez heureux des monuments de cette époque.

L'aile de dr. a été également doublée par la construction d'un corps de bâtiment en bordure sur la *rue Boudin*.

Intérieur. — L'aile gauche renferme, au premier étage, auquel on accède par l'escalier de l'angle, la *salle des Procureurs* ou *des Pas Perdus*, construite dès 1403 et disposée pour la réunion des Marchands.

Cette salle, longue de 48ᵐ,72 et large de 16ᵐ,24, est une des œuvres les plus hardies de l'architecture; la voûte, toute en bois, n'est soutenue par aucun pilier. A la base de cette voûte, on remarque de curieux sujets en bois sculpté. A l'une des extrémités de la salle, à droite, a été placée la *Table de marbre* de l'ancienne salle de justice.

ROUEN. — Le Palais de Justice

L'aile droite (pour visiter s'adresser au concierge, dans l'angle à dr.; pourb., 50 c.), renferme la *salle des Appels correctionnels* possédant un jugement de Salomon, par *Mignard;* la *salle des Audiences solennelles* avec un plafond de *Laugée,* Invocation à la Justice, et deux belles tapisseries des Gobelins, la Justice et l'Indulgence; et la *Chambre du Conseil,* ornée de portraits des présidents et conseillers au Parlement de Normandie, et d'un tableau donné par Louis XII à l'Echiquier de Rouen et représentant un Christ en croix.

Par des couloirs qui s'ouvrent dans le vestibule de l'aile droite, on gagne la *salle des délibérations de la Cour d'Assises,* installée dans la tourelle de la façade principale et la *salle de la Cour d'Assises,* occupant la plus grande partie du bâtiment principal. Cette salle, anc. *Grand'Chambre du Parlement,* est ornée d'un merveilleux plafond en bois de chêne, sculpté et doré, datant de la construction de l'édifice; on y remarque, en outre, les vitraux coloriés ornés des armes des principales villes de la Normandie, et au fond, derrière le siège du président, un bas-relief en pierre, représentant le Christ en croix flanqué de deux statuettes, la Justice et la Force.

Bourse. — Cours Boïeldieu, la *Bourse* est un joli édifice construit en 1735, relié par un pavillon avec balcon en encorbellement, surmonté d'une horloge avec figures allégoriques, à un corps de bâtiment élevé au xixᵉ s., dans le style du reste de l'édifice.

La Bourse renferme (pour visiter s'adresser au concierge) au rez-de-chaussée, la vaste *salle de la Bourse* et le *bureau central des télégraphes.* Au 1ᵉʳ étage sont le *Tribunal* et la *Chambre de Commerce;* on y remarque la *salle d'audiences* avec buste de Louis XV et la *salle de réception* renfermant quatre grands tableaux relatifs à l'histoire de Rouen.

Grosse Horloge. — La *Grosse Horloge,* établie au-dessus de la rue qui porte son nom, est un des plus jolis édifices de Rouen et l'un des plus gracieux.

Il se compose de plusieurs parties accolées les unes aux autres. C'est d'abord le *beffroi*, tour carrée à contrefort, enclavée dans les maisons; il a été bâti en 1389 et res-

ROUEN. — La Grosse Horloge.

tauré au XIX° s.; il est éclairé par de grandes fenêtres en ogive, et sa plate-forme est défendue par une balus-trade.

Un escalier tournant de 200 marches conduit au sommet de cette tour, où l'on voit la *Cloche d'argent*, ainsi nommée parce que, selon la tradition, on aurait jeté, au moment du coulage, des pièces d'argent dans le métal en fusion, et la *Cloche Ribaud*. Cette cloche sert à annoncer aux Rouennais les fêtes nationales, les élections et les incendies ; tous les soirs, pendant un quart-d'heure, on sonne le couvre-feu, de 9 h. à 9 h. 1/4.

Aux deux faces de la tour sont les deux grands cadrans de l'horloge achevée en 1447.

A l'une des faces de la tour, est accolée, enjambant la rue au-dessus de laquelle il forme une voûte surbaissée, un corps de bâtiment à deux étages, construit en 1529, décoré de pilastres sculptés dans le style de la Renaissance, surmonté d'un toit pyramidal où s'ouvre une lucarne et que couronnent des fleurons ; l'étage inférieur comporte des deux côtés un vaste cadran, sculpté et doré, encadré de fines sculptures coloriées et surmonté d'un globe lunaire.

Sous la voûte est représenté en haut-relief, au centre, dans un vaste médaillon, le Christ en *bon pasteur*, et des deux côtés, les brebis.

Au pied de la tour, reliée à la voûte par un joli petit logis de la Renaissance, à l'angle de la *rue des Vergetiers*, se montre une ravissante *fontaine*, élevée au xviii° s. sur les dessins de *Jean Defrance* pour le *duc de Luxembourg*; elle offre, sculptés en bas-reliefs, *Alphée*, la nymphe *Aréthuse* et, au-dessus, l'Amour voltigeant et tenant son arc et sa flèche.

Hôtel Bourgtheroulde. — *L'Hôtel Bourgtheroulde*, situé au n° 15 de la place de la Pucelle-d'Orléans, est un ravissant spécimen des riches maisons particulières du xvi° s.

Il a été commencé à la fin du xv° s., ou vers les premières années du xvi°, par *Guillaume Le Roux*, seigneur du Bourgtheroulde et de Sainte-Beuve, écuyer, conseiller à la cour de l'Échiquier de Normandie, lequel mourut en 1520; il fut continué par un de ses fils et achevé assurément vers 1537.

Cet hôtel abrita, selon les chroniques, *François I*, en 1540; le *cardinal de Florence*, de la famille des Médicis, légat du pape, en 1596; le *comte de Shrews-*

bury, ambassadeur de la reine d'Angleterre, auprès de Henri IV, pour lui présenter l'ordre de la Jarretière, 16 octobre 1596; et, en 1610, lors du voyage de *Louis XIV* à Rouen, *Mademoiselle*, depuis duchesse de Montpensier.

Il est occupé aujourd'hui par le *Comptoir d'Escompte de Rouen;* on ne peut visiter l'intérieur, mais l'accès de la cour est libre.

La façade extérieure offre une porte surmontée d'un écusson soutenu par des lions et quatre fenêtres au-dessous desquelles on voit le porc-épic de *Louis XII* et l'hermine d'*Anne de Bretagne* et deux amours soutenant des écussons.

En entrant dans la cour, vous avez en face de vous un joli bâtiment à deux étages, orné des salamandres de *François Ier* et surmonté de deux hautes fenêtres à pinacles sous lesquelles sont sculptés des bas-reliefs représentant des triomphes; il se relie par une tour hexagone recouverte de bas-reliefs figurant des scènes champêtres, à un bâtiment placé en équerre. Ce bâtiment à un seul étage formant galerie et percé de 6 fenêtres en cintre surbaissé, a sa façade entièrement revêtue de sculptures.

Sous les fenêtres que séparent des pilastres ornementés, 5 bas-reliefs représentent l'entrevue dite du *Camp du Drap d'Or* (1520) entre *François Ier* et *Henri VIII;* au-dessus des fenêtres, 6 bas-reliefs figurent des chars triomphaux.

Théâtre des Arts. — Situé *rue Grand-Pont*, entre le *cours Boïeldieu* et *la rue des Charrettes*, le théâtre des Arts a été reconstruit sur les plans de *Sauvageot* à la suite d'un terrible incendie qui l'avait détruit en 1876. Le fronton est décoré de sculptures par *Chapu;* à l'int., on remarque quelques peintures de *Glaize, Millet, Baudouin;* la salle, très coquette, contient 2.000 places.

Lycée Corneille. — *Rue de la République*, près de la place de l'Hôtel-de-Ville.

3.

Le lycée occupe les bâtiments de l'anc. séminaire construit par le cardinal de Joyeuse et ceux d'un anc. collège de Jésuites (xviie s.) ; on y remarque la statue de *P. Corneille*, de *David d'Angers* et la *chapelle* dont la façade donne sur la rue Bourg-l'Abbé ; elle fut construite au xviie s. et possède un tableau de *Jouvenet*, *Christ en croix* et le tombeau en marbre du *cardinal de Joyeuse*.

Bureau des Finances. — Situé *place de la Cathédrale*, au coin de la *rue Ampère*, cette maison est une des plus pittoresques du vieux Rouen. Construite au comm. du xvie s. par *Rouland le Roux*, l'architecte du monument des cardinaux d'Amboise, elle présente sur ses deux façades de jolis pilastres décorés d'arabesques, des médaillons, des niches avec dais, etc., malheureusement assez mutilés et masqués en partie par les enseignes des magasins qui occupe le rez-de-chaussée.

A l'int., se trouve le *musée de dessin industriel* (v. p. 55).

Douane. — Quai du Havre. Cet hôtel, reconstruit en 1838, présente une belle façade ornée de deux grands bas-reliefs en pierre, de *David d'Angers*, le Génie du Commerce et celui de la Navigation.

A l'intérieur, dans une cour octogone vitrée, bas-relief de *Coustou*, fronton de l'anc. Douane, représentant le Commerce.

Vieilles Maisons. — Rouen possède un grand nombre de maisons anciennes d'un aspect des plus pittoresques ; nous en avons signalé un grand nombre dans nos itinéraires dans la ville. Il y en a encore quelques-unes qui méritent d'être vues :

La maison de la Cité de Jérusalem, rue Étoupée, 4, près de la rue Thiers, du xvie s. — *La Tour de l'anc. église St-Cande-le-Jeune*, 26, rue aux Ours, qui croise la rue Jeanne-d'Arc. — *L'Hôtel des Augustins*, rue des Augustins, à dr. de la rue de la République, avec les restes d'une église du xiv⁰ s. — L'anc. *Four Banal*, rue Louis Brune, à dr. de la rue de la République ; c'est un ravissant édifice à 2 étages en bois sur rez-de-chaussée en pierre, avec tourelle d'angle; dans la cour, façade en pierre sculptée du xvi⁰ s. provenant d'une maison démolie. — *Deux maisons* à façade de pierre sculptée (xvi⁰ s.) dans la rue du Bac, 28 et 30, près de la pl. de la Calende.

PONTS ET TOURS

Le Pont Corneille ou *pont de pierre*, franchit les deux bras de la Seine, séparée par l'île Lacroix en s'appuyant à l'extrémité de cette île ; sur le terre-plein s'élève la statue en bronze de *P. Corneille*. Il comporte six arches de pierre et a 14 m. de large.

Le Pont Boyeldieu. — Construit en fer, de 1885 à 1888 (long. 240 m.), ce pont remplace l'ancien pont en fil de fer et relie la *rue Grand-Pont*, rive dr., à la *place Saint-Sever* et à la gare d'Orléans, rive g. Sur le *quai Saint-Sever*, une voûte, faisant suite au quai, livre passage à la voie ferrée qui longe les quais, rive g. C'est le dernier pont fixe sur la Seine.

Le Pont transbordeur. — Commencé en 1898 et achevé au printemps de 1899, sur les plans et sous la direction de l'ingénieur *Arnodin*, ce pont est le premier du genre qui ait été construit en France et le troisième au monde. Le premier en date est celui de *Bilbao* et le deuxième, celui de *Bizerte*.

Il se compose de deux pylônes en fer de 70 m. de hauteur, reliés par une passerelle longue de 140 m. env., élevée de 52 m. au-dessus du niveau des plus hautes eaux et le long de laquelle roulent sur des rails latéraux une série de roulettes réunies, deux à deux, par une tige de fer d'où partent des câbles qui viennent aboutir à une plate-forme au niveau des quais. Cette plate-forme, longue de 10 m. et large de 9 m., est aménagée pour recevoir piétons et voitures (traversée, 10 c., 1re cl.; 5 c., 2e cl.; 50 c. pour monter à la passerelle, vue magnifique).

Tour de Jeanne d'Arc. — La *tour de Jeanne-d'Arc*, située rue Bouvreuil, est le dernier reste d'un château-fort bâti, en 1205, par *Philippe-Auguste*. C'était le donjon de ce château. Si ce n'est pas toutefois la tour où fut enfermée la Pucelle, car on l'a détruite en 1809, Jeanne y subit plusieurs interrogatoires et y fut même menacée de la torture, le 9 mai 1431. Cette tour, qui se trouvait enclavée dans la propriété des Ursulines, a été achetée avec le produit d'une souscription nationale. C'est une vaste construction cylindrique haute de 25 m. couronnée de bourds en bois et terminée par un toit en poivrière.

En pénétrant dans la tour (entrée gratuite; pourb. au gardien qui donne des explications), dont les murs ont 4 m. d'épaisseur, on se trouve dans une pièce circulaire avec puits et cheminée à colonnes. Remarquez, en montant au premier étage (52 marches), un cachot. La disposition du 1er étage est la même qu'au rez-de-chaussée, plus un banc en pierre près de la fenêtre; 37 marches conduisent au 2e et 35 au 3e, qui présente une triple enceinte circulaire.

Dans cette tour, on a disposé un *musée Jeanne-d'Arc* composé de souvenirs de l'héroïne.

Revenu dans la cour, contournez la tour, et remarquez, au-dessus d'une ancienne porte d'entrée, à gauche, un écusson armorial, datant de la construction du château.

Tour Saint-André. — La *tour Saint-André* qui date de 1526, religieusement conservée et restaurée, reste d'une église des xve et xvie s., se trouve dans l'alignement de la rue Jeanne-d'Arc; elle rappelle un peu l'élégante tour Saint-Jacques de Paris; sur ces quatre faces, on remarque des statues de saint André, un chevalier, saint Jean et saint Pierre.

Cette tour est terminée par une rampe de pierre sculptée à jour et ornée de clochetons en ogives ; on peut accéder au sommet (jolie vue), en s'adressant au gardien (pourb.).

A l'angle du jardin, on a reconstruit une vieille maison en bois, dite *maison de Diane de Poitiers*.

MUSÉES

Les Musées de peinture et de céramique, installés dans un monumental bâtiment construit par Sauvageot, à l'angle de la *rue Thiers* et du *square Solférino*, sont ouverts au public *tous les jours*, en été, de 10 h. à 5 h. ; en hiver, de 10 h. à 4 h. (le lundi, toutefois, ils ne s'ouvrent qu'à midi). L'entrée est gratuite les dim., jeudis et jours de fête ; les autres jours, on paie 1 fr.

Le perron qui y donne accès est orné des statues de *Michel Anguier* et de *Nicolas Poussin*. A la base du pavillon de dr. est placé le monument élevé à la mémoire de *Gustave Flaubert*, œuvre charmante de *Chapu*.

Musée de peinture. — Le Musée, composé à son origine des tableaux provenant des églises et des couvents supprimés en 1790, fut ouvert solennellement au public en 1809. Depuis il s'est enrichi des dons faits par le gouvernement, par des particuliers, et enfin par des acquisitions importantes faites par la ville, telles que celles des cabinets de MM. Lemonnier et Descamps.

Ce musée, entre les mains des artistes éminents qui l'ont successivement administré, MM. Lecarpentier, Descamps, Garneray, Hippolyte Bellangé, Court, Morin, Lebel et Gaston Le Breton, est devenu l'un des plus riches et des plus complets de France.

Il se compose aujourd'hui d'environ 1000 tableaux et dessins des écoles française, flamande, hollandaise, allemande, italienne et espagnole, et d'une jolie collection d'estampes et de dessins.

Nota. — Il ne nous est pas possible, devant les changements fréquents apportés à la disposition des tableaux, de vous donner une nomenclature exacte des œuvres exposées; nous vous renverrons par suite au catalogue.

Musée de céramique. — Ce musée, fondé en 1864, augmenté de la collection de l'abbé Colas, et doté par l'administration municipale, est principalem nt consacré à l'exhibition des plus beaux spécimens de l'ancienne industrie de la faïence de Rouen. Il comprend six salles.

Visite des musées. — Arrivé dans le vestibule, ayant en face de vous l'escalier conduisant au premier étage, traversez, à dr., une première salle de sculpture où l'on remarque, entre autres, le *monument de Géricault*, autrefois à l'Hôtel de Ville. Ce monument, élevé à la mémoire du célèbre peintre représenté a demi couché sur son tombeau, est orné d'un bas-relief en bronze figurant le *Naufrage de la Méduse*, chef-d'œuvre du maître.

Citons aussi : *Corneille* (Caffieri); le *général Bonchamp se soulevant sur son tombeau et demandant grâce pour les prisonniers* (David d'Angers); *Armand Carrel* (David d'Angers); *Héloïse au Paraclet* (Allouard); *Bacchante* (Pradier); *les Lutteurs* (Charpentier).

Visitez ensuite trois salles ainsi que les galeries latérales qui renferment les tableaux anciens; puis, revenez dans le vestibule d'entrée, traversez, en face de vous, une deuxième salle de sculpture où vous remarquerez : *Rachel* (Leroux); *Eve retrouvant le corps d'Abel* (Guillloux); *Oreste* (Simart); *Cavaignac* (Rude). A la suite, on visite 2 grandes galeries, 2 petites galeries et 2 petites salles consacrées à la peinture française moderne.

De là revenez dans le vestibule et montez, au fond, le grand escalier qui conduit au *Musée de céramique*, situé au premier étage.

Remarquez, dans l'escalier, les belles peintures de *Puvis de Chavannes*. Au centre : *Inter artes et naturam*, et de chaque côté de la porte d'entrée : la *Céramique* et la *Poterie*.

La grande salle du centre renferme quatre vitrines de faïences de Rouen et des panneaux de boiseries provenant de l'ancienne Chambre du Conseil. Remarquez surtout deux globes terrestres par *Pierre Chapelle* (1725).

2e *salle*, à g., quatre vitrines, dont deux de faïences de Rouen et deux de faïences de Nevers, de Hollande, d'Allemagne et d'Italie; à droite, cheminée du xvii° s.; à gauche, cheminée en carrelage de Rouen.

3e *salle*, tableau des Grands-Gardes de la corporation des drapiers (1741-1789); ustensiles employés à la fabrication des faïences rouennaises, vitrines de terre vernissées de Palissy et de ses continuateurs.

De là revenez dans la grande salle et voyez, **4e** *salle*, à dr., quatre vitrines de faïences de Rouen; une cheminée Louis XIV et une autre en faïence de Rouen.

5e *salle*, quatre vitrines, faïences et porcelaines diverses.

6e *salle*, carrelages, panneaux de faïences hollandaises et spécimens provenant de Sèvres.

A la suite des salles de céramique, occupant le reste du premier étage, sont disposées 9 salles où sont exposées les œuvres de la peinture moderne, provenant principalement d'acquisitions.

Parmi les principales œuvres que possède le musée, nous vous citerons :

PEINTURE ANCIENNE. —84, Saint-François d'Assise, *A. Carrache;* 165, Chasse au cerf, *Desportes;* 203, les Blanchisseuses, *Fragonard;* 210, la Vierge et l'Enfant Jésus entourés d'anges et de saintes, *G. David;* 227, Marine, *J. van Goyen;* 236, Visitation, *le Guerchin;* 284, Mort de saint François, *Jouvenet;* 303, Leçon de musique, *de Keyser;* 310, Nativité, *Lahire;* 316, Baigneuses, *Lancret;* 320, Port. de l'avocat Patru, *Largillière;* 337, la cantatrice Grassini, Mme *Vigée Lebrun;* 348, Henriette de France, *Lely;* 421, Ecce Homo, *Mignard;* 423, Repos de la Sainte-Famille, *Mignard;* 457, Chevreuil poursuivi par des chiens, *Oudry;* 472, Triptyque, *le Pérugin;* 481, Vénus et Enée, *Poussin;* 490, Port. d'un Chartreux, *Restout;* 494, le Bon Samaritain, *Ribera;* 498, Louis XV, *Rigaud;* 504, Monuments, *Hubert Robert;* 570, l'Homme à la Mappemonde, *Vélasquez;* 572, Saint Barnabé, *P. Veronèse;* 648, Diane au bain, *Ec. de Fontainebleau;* s. n°, Mme *Vigée Lebrun; Louis David.*

PEINTURE MODERNE. — 16, La Barrière, *Barillot*; 30, Baigneuses, *Benner*; 58, Supplice do Mazeppa, *Boulanger*; 80, Lac en Italie, *Cabat*; 97, Partie de loto, *Chaplin*; 106, Massacre des Abencérages, *Clairin*; 110, Ville-d'Avray, *Corot*; 124, Boissy d'Anglas, présidant la Convention, le 1er prairial, an III, *Court*; 139, le Fou, *Couture*; 147, Écluse de la vallée d'Optevoz, *Daubigny*; 148, Bords de l'Oise, *Daubigny*; 151, Plateau de Belle-Croix, *Defaux*; 152, Justice de Trajan, *E. Delacroix*; 176, Mme Rampal, *Dubufe*; 192, Sainte-Agnès, *Ferrier*; 196, les Vainqueurs de la Bastille, *Flameng*; 206, Moisson en Provence, *Fromentin*; 231, Chevaux de postillon, *Géricault*; 216, Étude de cheval, *Géricault*; 224, la Pourvoyeuse Misère, *Glaize*; 233, Joueurs de boules, *Giraud*; 239, Plage de Villers, *Guillemet*; 249, Chiens, *Hermann-Léon*; 265, Port. de la belle Zélie, *Ingres*; 330, la Première Communion, *Laurent-Desrousseaux*; 342, Mort de Guillaume le Conquérant, *Ch. Lefebvre*; 345, Mort du poëte Malfilâtre, *Legrip*; 370, la montée de Bénouville, *Le Poittevin*; 399, Retour de la chasse, *Luminais*; 403, Hommage à Clovis II, *Maignan*; 466, la Seine à Poses, *Pelouse*; 469, Effet de lune, *Pelouse*; 495, Supplice d'Alonzo Cano, *Ribot*; 507, Andromaque, *Roch-grosse*; 515, Fromages, *Ph. Rousseau*; 516, Tête de jeune homme, *Roybet*; 518, le général Lafayette, *Ary Scheffer*; 531, Rue de New-York, *Sebron*; 544, Métier de chien, *Stevens*; 548, Supplice de Brunehaut, *Tabar*; 566, Vaches à l'abreuvoir, *Troyon*; 588, le singe du peintre, *Vollon*; 603, la femme aux pigeons, *Zacharie*; 604, Stamboul, *Ziem*; 605, Trinquetaille au crépuscule, *Ziem*; 606, Environs de La Haye, *Ziem*. — Sans numéro : Portrait, *Bellangé*; Tête d'homme, *Boninglon*; les Comices, *Brispot*; Course de chars, *Chéca*; les vainqueurs de Salamine, *Cormont*; Une vue de Ville-d'Avray, *Corot*; les étangs de Ville-d'Avray, *Corot*; la Seine à Villennes, *Dameron*; Saint Bonaventure, *Dawant*; La valeuse, *Diéterle*; le calvaire de Criquebœuf, *Diéterle*; Heure du bain, *Duez*, Chemin au Mesnil, *J. Dupré*; Fra Angelico, *Flandrin*; la mort de Mme Bovary, *Fourié*; Port. d'Aug. Vacquerie, *Glaize*; les Dénicheurs de nids, *Harpignies*; les Gueux, *Hoffbauer*; Paris le soir, *F. Jourdain*; les Suspects, *Laurent-Desrousseaux*; Inondation de la Seine, *D. Loir*; Saint Isidore; *Luc Olivier-Merson*; la Batteuse, *Rigolot*; l'Inondation, *Schnetz*; etc.

Musée départemental d'antiquités. — Le *Musée d'antiquités* est installé dans les bâtiments d'un anc. couvent de Visitandines qui s'étendent entre la *rue Beauvoisine* et la *rue de la République*; de ces deux rues, des grilles donnent accès au jardin qui le précède. Il est visible t. l. j., excepté les lundis et sam., de 10 h. à 5 h.

Visite du musée. — Un escalier voûté en ogive donne accès d'une part à une cour, où sont disposés de nombreux débris de sculptures, et d'autre part, à g., à la *galerie Cochet*, belle salle voûtée, séparée en deux par des piliers; elle contient des vitraux, céramique, sculptures, monnaies, objets d'art religieux, ivoires sculptés, statues en pierre, etc.

A l'extrémité, en face, une grille donne accès à la *salle A. Derville*, antiquités romaines et gallo-romaines, vases étrusques; à g., une petite salle contient des momies égyptiennes. On passe à dr. dans la salle dite *salle de la mosaïque*, où se trouve exposée une mosaïque découverte dans la forêt de Brotonne; antiquités préhistoriques et romaines.

Par la *galerie Langlois*, à dr. (retables, plombs, enseignes, bahuts sculptés), on revient à la *galerie Cochet* que l'on traverse pour sortir dans la cour; on pénètre de suite à dr. dans une série de 5 petites salles où sont exposées des armes, des verreries, une horloge du xive s. A l'extrémité de ces salles, on passe à dr. dans une grande salle, entourée de galeries d'où l'on domine la belle mosaïque de Lillebonne; le long des galeries, broderies, tapisseries, meubles anciens, porcelaines et faïences, verrerie, etc.

Musée d'histoire naturelle. — Le *Musée d'histoire naturelle*, établi dans les mêmes bâtiments que le Musée d'antiquités (v. ci-dessus), est public les jeudi, dim. et fêtes, de midi à 4 h., et les autres jours moyennant 50 c.; il a été créé en 1828 par le savant naturaliste *Félix Pouchet*.

Le 1er étage est consacré à l'anatomie et à l'ethnographie; le 2e étage comprend les *mammifères*; le 3e étage, les *oiseaux* et les *fossiles*.

Bibliothèque. — La Bibliothèque, installée dans les bâtiments du Musée, a son entrée *rue de la Bibliothèque* (remarquer, en passant, le monument de *Louis Bouilhet*). Elle est publique t. l. j. de 10 h. à midi, de 1 h. 1/2 à 5 h. et de 7 h. à 10 h., excepté les *dimanches*, où elle n'est ouverte que de 1 h. à 5 h., et les lundis et les jours des fêtes reconnues, où elle reste fermée. Du 1er juillet au 1er septembre, el e est ouverte de 10 h. à 5 h. et fermée le soir. Dans l'escalier d'honneur, on remarque les peintures murales exécutées par Paul Baudouin et représentant l'*Histoire du livre à travers les âges*.

La Bibliothèque contient 130,000 volumes et plus de 2,500 manuscrits des plus rares et des plus précieux sur la Normandie et la Bretagne, entre autres la relation de l'entrée de Henri II à Rouen, en 1550, avec enluminures. Citons, au nombre des objets précieux, le missel de Robert Champpart, archevêque de Londres, en 1050; le bénédictionnaire du même temps qui servait lors du couronnement des rois anglo-saxons; le graduel de Daniel d'Eaubonne et 300 imprimés antérieurs à 1500.

Depuis son ouverture, elle s'est augmentée des collections de MM. *Leber, Coquebert de Montbret* et *de Martainville*.

On remarque, dans les salles de la bibliothèque, une statue de Voltaire d'après *Houdon*, un magnifique vase de Sèvres de style mauresque, deux vases de Chine, un lit de mandarin avec trois personnages, chinois en bois doré, donnés par l'*amiral Cécille* en 1847, des chartes, des collections de sceaux, des gravures, médailles, monnaies anciennes et notamment celles données par Mme *Blarenberghe*.

Cette précieuse collection, formée par M. *Lecarpentier* et qui se compose de près de 2,700 pièces, dont 300 environ en or, est principalement consacrée à la numismatique française. On y remarque, en outre, une série de plus de 400 médaillons historiques des derniers siècles.

Musée Industriel. — Le Musée industriel est aménagé, 40, *rue St-Lô*, dans l'*Hôtel des Sociétés Sa-*

vantes, anc. palais de la Présidence de Rouen, derrière le Palais de Justice; il est ouvert t. l. j. de 9 h. à 11 h. et de 2 h. à 4 h.

Il comprend des échantillons et des types de marchandises, spécimens de l'industrie de Rouen depuis le commencement du xviii° s., un cabinet d'estampes et une bibliothèque.

Musée de dessin industriel. — Ce musée occupe le premier étage de l'anc. bureau des Finances, place de la Cathédrale (entrée par la rue Ampère). Il est visible gratuitement t. l. j. sauf le dim. de 10 h. à 4 h.

Il contient une exposition d'échantillons de tissus et imprimés au nombre desquels il y en a plus de 400,000 anciens.

PROMENADES

Le Square Solférino, qui s'étend entre le Musée et la rue Jeanne-d'Arc, est un joli jardin planté d'arbres exotiques variés et orné d'une petite pièce d'eau avec cascade. On y remarque le monument de *Guy de Maupassant;* le buste en bronze du célèbre écrivain se dresse au-dessus d'une stèle, au pied de laquelle une jeune femme présente au poète une branche de pommier.

Le Jardin des Plantes, situé sur la rive gauche, à l'extrémité de la *rue d'Elbeuf* (faub. St-Sever), possède une nombreuse collection de plantes rares et d'arbres exotiques et renferme l'École d'arboriculture et de botanique.

Prendre, pour s'y rendre, le tramway de l'*Hôtel-de-*

Ville au *Jardin des Plantes*, traversant le pont de Corneille.

Le Jardin de l'Hôtel-de-Ville, situé derrière l'Hôtel de Ville et l'église St-Ouen, occupe une partie de l'anc. *cimetière de St-Ouen* où *Jeanne d'Arc* dut subir l'abjuration. On y remarque, en dehors d'une statue médiocre de *Rollon*, le chef normand, trois jolies statues en bronze et un méridien orné d'un groupe allégorique.

La musique s'y fait entendre en été le dim. à 8 h. du soir.

NOTA. — Nous vous citerons encore le *Grand Cours*, magnifique avenue qui s'étend le long de la rive g. de la Seine depuis la *gare de Saint-Sever* jusqu'à la levée du chemin de fer, et le *square Martainville* qui est situé le long du boul. Gambetta entre la *place Martainville* et la *rue d'Amiens.*

ENVIRONS DE ROUEN

Rouen, par sa situation dans la vallée de la Seine, est au centre de jolies et agréables excursions, auxquelles le touriste, peu pressé, pourra consacrer plusieurs jours. Mais, tout voyageur visitant Rouen ne devra pas manquer de faire les excursions de *Bonsecours* et de *la Bouille.*

Bonsecours. — On peut se rendre de *Rouen* à *Bonsecours* à pied, en voiture, par le tramway électrique de Rouen à Bonsecours et au Mesnil-Esnard, qui part du pont Corneille (prix, 0,30 et 0,40), et par le funiculaire qui, montant d'Eauplet, est en correspondance avec les bateaux partant du quai de Paris et le tramway électrique de la gare d'Orléans à Amfreville-la-Mi-voie et permet de gagner le plateau de Bonsecours où se trouvent l'Église, l'Hippodrome et le Casino. Le trajet s'effectue en 4 min., mais le service n'est pas régulier. Il faudra s'informer soit au bateau, soit au tramway pour éviter un déplacement inutile. Nous ne saurions trop engager nos lecteurs à utiliser le tramway; ils jouiront, durant tout le trajet, d'un panorama unique au monde.

Itinéraire. — *En voiture.* — Partant du *pont Corneille*, remonter le quai de Paris, et, après l'égl. *St-Paul*, à dr., suivre la *rue de Bonsecours*, en longeant, à g., des maisons adossées aux anciennes carrières de la côte Ste-Catherine.

On laisse à dr. la route d'*Eauplet* et d'*Amfreville-la-Mi-voie* et on découvre la vallée de la *Seine* et le pont du chemin de fer qui traverse le fleuve.

Bientôt, laissant, à dr., la route de la Côte-Neuve, suivie par le tramway et qui conduit à Bonsecours en contournant la colline, on gravit la route très raide jusqu'à l'entrée du pays et, passant devant l'usine du tramway à g., on arrive à dr. avant la mairie, à la *rue de la Mairie* qui mène à l'Église, au monument de Jeanne d'Arc, à l'Hippodrome et au Casino.

A pied. — Si vous faites l'excursion à pied, aux premières maisons de Blosseville-Bonsecours, vous pourrez gravir, à g., le chemin dit *de la Vieille-Côte*, ou, un peu plus loin, au premier tournant de la route de voitures, le sentier du *Raidillon*, garni de rampes en bois. Ces chemins, qui abrègent beaucoup, aboutissent sur la route de voitures au haut de la côte. Le premier chemin, à dr., conduit au plateau et à l'église, de même la *rue Victor-Godefroy* qui se trouve un peu plus loin, aussi à dr.

En tramway. — On suit la route de voitures, et l'on s'en sépare pour suivre à dr. la *route de la Nouvelle-Côte* qui contourne le Val d'Eauplet; on s'en sépare bientôt pour gravir au-dessus d'elle une forte rampe en corniche (vue splendide à dr.) et décrire, près de la voie du funiculaire, un lacet qui ramène au *Val d'Eauplet* à l'extrémité duquel on rejoint la route de voitures près de l'usine des tramways; quittant le tramway, on prend à dr. la *rue de la Mairie* pour gagner l'*Église.*

Notre-Dame de Bonsecours. — Placée au sommet

d'une colline qui domine presque à pic la rive dr. de la Seine, cette église fut construite de 1840 à 1842, sur les plans de M. Barthélemy, dans le style ogival du xiiiᵉ s., sur l'emplacement d'une anc. chapelle du xivᵉ s.

Dédiée à la Vierge, ce sanctuaire attire de nombreux pèlerins, surtout les lundis de Pâques et de la Pentecôte.

Le portail, surmonté d'une rose, est percé de trois entrées ornées de sculptures. Dans le haut du tympan central, la Vierge est représentée tenant l'Enfant Jésus. Les deux petites portes, sont surmontées d'un tympan; celui de dr. représente l'Éducation de la Vierge par sainte Anne ; celui de g., le Mariage de la Vierge. Au centre du portail se dre se une tour pyramidale de 50 m., avec campaniles et clochetons.

L'intérieur est divisé en trois nefs sans transept; la nef centrale, bordée d'un petit triforium formé d'une série d'arcatures aveugles, est continué par le chœur en forme d'abside éclairé par de hautes verrières. L'ensemble de l'église, dont les murs sont recouverts de peintures polychromes, est assez sombre.

A l'extrémité de la nef latérale de g. se trouve l'autel privilégié avec la statue miraculeuse de la Vierge, toujours éclairé d'une multitude de cierges.

Le maître-autel est en bronze doré et enrichi d'émaux et de pierres précieuses. On y remarque une quantité de statuettes également en bronze et de magnifiques reliquaires. Il se termine à chaque extrémité et au centre par d'élégantes pyramides.

Le sanctuaire renferme une série de statues très remarquables; on voit, à g. de l'autel, un calvaire splendide au pied duquel se tiennent debout la sainte Vierge et saint Jean, figures d'une expression saisissante; à dr. deux grands prêtres de l'ancienne loi, se purifiant dans la mer d'airain.

La chaire sculptée, style du xiiiᵉ s., est en chêne; elle a été exécutée, ainsi que les confessionaux, dans les ateliers de M. *Kriembield*, de Paris.

L'orgue, qui sort des ateliers de la maison *Cavail é-Coll*, est particulièrement remarquable par la puissance et la pureté de ses sons.

Citons encore les bas-reliefs surmontant les bénitiers qui se trouvent sous l'orgue, et les fenêtres ornées de vitraux de Choisy-le-Roi. Ces vitraux proviennent de dons; ils représentent, d'un côté, les scènes de l'histoire sainte depuis la création du monde jusqu'à l'Assomption de la Vierge, et, de l'autre côté, les différentes phases de la vie de Jésus-Christ, depuis sa Nativité jusqu'à son Ascension. Au-dessous de ces vitraux, les murs sont revêtus de nombreux *ex-voto* en marbre.

Au sortir de l'église, se diriger vers le *monument de Jeanne-d'Arc* et le cimetière, où le panorama se découvre magnifique à vos yeux. On aperçoit, à 150 m. plus bas, la Seine baignant de vastes prairies, et serpentant dans un immense bassin environné, au S. et au N. par une chaîne de côteaux élevés qui semblent se réunir à l'O. C'est un des plus beaux points de vue de la Normandie.

Monument de Jeanne d'Arc. — Ce monument (entrée 25 c.) élevé par Mgr *Thomas*, archevêque de Rouen, sur les plans de M. *Lisch*, se dresse sur un vaste terre-plein bordé de balustrades sur lesquelles sont disposées des statues représentant l'agneau pascal qui figure dans les armes de Rouen. Il consiste en une coupole octogone reposant sur des piliers ornés de pilastres accotés d'enfants portant des écussons et surmontés de petits pinacles, et terminée par une lanterne que couronne la statue de saint Michel. Cette coupole abrite une statue en marbre blanc de *Jeanne d'Arc*, œuvre remarquable de *Barrias*; de chaque côté de cet édicule central, sous deux autres édicules carrés et plus petits, sont les statues de *sainte Marguerite* par *Pépin* et de *sainte Catherine* par *Verlet*. Sous le terre-plein, d'où l'on découvre un magnifique panorama, est ménagée une crypte consacrée à *N. D. des Soldats*.

Passant devant les grilles du *monument de Jeanne d'Arc*, on atteint le *square du Funiculaire*, le *Casino* et le coquet *Hippodrome* où ont lieu des réunions chaque année.

Nota. — Pour revenir à Rouen, vous pouvez utiliser l'un quelconque des moyens indiqués à l'aller ou bien suivre à pied ou en voiture particulière la route de la *côte Sainte-Catherine*, qui, se détachant à dr., au haut de la route de voitures, passe au-dessus des carrières et aboutit *rue du*

Mont-Gargan et du *Faubourg-Martainville*. Là, tournant
à g., on rentre à *Rouen* par le *Champ de Mars* et le *quai
de Paris.*

Petit-Couronne. — On se rend à Petit-Couronne, où
l'on visite la vieille maison dans laquelle le poète *Pierre
Corneille* passa une grande partie de sa vie, en prenant
à la *gare d'Orléans* (rive g.) le train qui conduit en 15 min.,
à *Petit-Couronne* (9 k. ; 80 c., 55 c. et 35 c. ; 13 tr. par j.).

PETIT-COURONNE. — La maison de Corneille.

Itinéraire. — En quittant la gare d'Orléans, la voie
laisse à dr. le *pont transbordeur* et incline peu à peu vers
le S.; elle dépasse *Petit-Quévilly*, petite ville industrielle,
véritable faubourg de Rouen auquel elle est reliée par un
tramway (à l'hospice, chapelle, reste d'une léproserie fondée
au xii° s. par Henri II d'Angleterre).

On découvre une jolie vue à dr. sur les collines de la
rive dr. de la *Seine* que couronne la *forêt de Roumare*, et,
apercevant à dr. près de la voie, le *chât.* de *Montmorency*
(xviii° s.) que précède une belle allée, on dépasse *Grand-
Quévilly* et on arrive à *Petit-Couronne* où l'on descend de
wagon.

A la sortie de la gare, incliner à dr. et, arrivé au passage à niveau, tourner à g.; on croise la grande route formant la principale rue du village et on tourne à dr. pour passer derrière l'*Église* et devant la *Mairie*; continuant dans la même direction, on rejoint à g. une route et, en quelques pas, on arrive à la *maison de Corneille* (1/4 d'h. de la gare).

La maison de Corneille, transformée en *musée cornélien* (ouvert t. l. j. de 10 h. à 6 h.; s'adresser au gardien, rétribution), fut construite en 1554; le père des deux Corneille l'acquit le 7 juin 1608, et son fils *Pierre* en hérita en 1639; elle fut vendue après sa mort; acquise en 1874 par le départ. de la Seine-Inférieure, elle a été restaurée en 1878 et remise en l'état où elle se trouvait du vivant du poète.

On pénètre par une porte à auvent au-dessus de laquelle se trouvait jadis le cabinet du poète, à dr., s'étend la maison qui était occupée par son père et son frère Thomas.

La maison de P. Corneille est un édifice dans le vieux style des campagnes normandes à un étage sur rez-de-chaussée surmonté d'un toit élevé en tuiles où s'ouvrent deux hautes lucarnes; elle est bâtie avec poutres apparentes. Au rez-de-chaussée, on visite la *salle à manger* (cheminée en briques avec landiers et crémaillères; chaises xviie s.; buste du poète d'après celui de Caffieri; poutres apparentes), la *cuisine* (cheminée avec landiers et crémaillères, chaises anciennes) et la *buanderie*. Au premier où mène un escalier tournant établi dans un avant-corps, sont le *salon* (table et fauteuil du poète, ce dernier recouvert d'une tapisserie qui aurait été faite par Mme de Maintenon; nombreux portraits de P. Corneille, dont un de *Mignard*, un de *Le Brun* et un de *Meissonnier*; sièges et meubles anciens), la *chambre à coucher* du poète (curieuse cheminée; bibliothèque, autographes, etc.; fauteuil très ancien) et la chambre à coucher de ses enfants.

Dans le jardin, on remarque le puits et son abreuvoir, une table de pierre sur laquelle P. Corneille aurait commencé à écrire *le Cid* (?), et un petit bâtiment où se trouve le four, bien conservé.

Saint-Adrien et Port-Saint-Ouen. — Cette excursion

peut se faire en voiture particulière ou en bateau; ce dernier moyen est préférable; départ du *quai de Paris* (près du *pont Corneille*), 4 à 6 f. par j., trajet en 50 min. environ, 40 c. ; pour revenir, on pourra gagner à pied (5 k.) la st. du *Pont-de-l'Arche*, où l'on reprendra le ch. de fer pour *Rouen*.

Itinéraire. — En quittant le quai de Paris, le bateau remonte la Seine en longeant à dr. l'*île Lacroix* puis la petite *île Brouilly* sur laquelle s'appuie le viaduc du ch. de f. sous lequel on passe. La rive g. s'étend plate, couverte de prairies, tandis que la rive dr. est dominée presque à pic par des hauteurs crayeuses sur lesquelles on aperçoit l'église de *Bonsecours* et le monument de Jeanne-d'Arc; on fait escale à *Eauplet*, d'où part le *funiculaire* (v. p. 56) ; à dr., se dressent les nombreuses cheminées de *Sotteville* (tram. pour Rouen).

Dépassant plusieurs îles bordées d'aulnes et de roseaux, on dessert *Amfreville-la-Mi-voie* sur la rive dr.; à dr., on découvre *Saint-Étienne-du-Rouvray* au pied de collines que couronne la *forêt de Rouvray*; à g., c'est l'escale de *la Poterie-Belbeuf*, desservant le village de *Belbeuf* (chât. du XVIIIe s.), situé sur le haut de la colline qui ensuite est coupée brusquement de falaises à pic.

Au pied de ces falaises, on s'arrête au hameau de *Saint-Adrien*, bien situé au débouché du vallon du Becquet, et où l'on remarque une curieuse chap. du XIIIe s., but de pèlerinage, creusée à même la craie (à 2 k., la jolie *source du Becquet*).

Plus loin, longeant quelques îles, on gagne la dernière escale, *Port-Saint-Ouen*, ham. dans une situation pittoresque dépendant de la commune des *Authieux*.

La Bouille. — L'excursion de la Bouille, qui permet de faire connaissance avec les rives si variées et si pittoresques de la Seine, est une promenade que nous recommandons d'une manière toute spéciale aux touristes amateurs de la belle nature.

On peut la faire soit en ch. de f., soit en bateau à vapeur, ce qui est préférable.

En bateau, dép. du pont Boïeldieu, quai de la Bourse,

4 à 6 dép. par j. en été; dép. supplémentaires le dim. ;
trajet en 1 h. 30, 80 c. et 60 c.

En chemin de fer, dép. de la gare d'Orléans pour la st.
de *la Bouille-Moulineaux* (15 k., 14 tr. par j., 1 fr. 35,
0 fr. 95 et 0 fr. 50). d'où l'on gagne la Bouille soit directement (omnibus, 40 c.), soit par la Maison-Brûlée.

Itinéraire. — *Par le bateau.* — En quittant le port, le
bateau descend la Seine et, longeant les quais, où stationnent de nombreux navires, passe sous le pont transbordeur,
se rapproche des collines, au sommet desquelles on aperçoit, à dr., le clocher de *Canteleu*, et après une petite île,
arrive à *Croisset*. Le débarcadère se trouve en face d'une
distillerie élevée à la place de la propriété de *Gustave
Flaubert*. Vient ensuite la st. de *Croisset-Dieppedalle*, et,
après une île placée au milieu de la Seine, on côtoie, à dr.,
le village de *Croisset* jusqu'au couvent, puis on s'arrête à
Dieppedalle, en face d'un magnifique rocher creusé en
caverne. Dans l'île voisine, un petit château avec chalet.

A partir de ce petit village, le paysage vous apparaît
dans toute sa poésie, l'œil se repose agréablement en face
d'une admirable végétation. Encore une île, et à dr., une
fabrique de produits chimiques, près d'une route conduisant à la *forêt de Roumare*.

On dépasse *Biessart*, vis-à-vis de *Petit-Couronne*, que l'on
distingue sur la g. Au milieu de la Seine, on remarque
l'île du *Val-de-la-Haye* et on s'arrête à la st. de ce village
que le bateau côtoie.

Il dessert sur la rive g. *Grand-Couronne*. Le village est
situé à g., au milieu de verdoyantes et odorantes prairies.
On aborde en face d'une colonne surmontée d'un aigle
portant ces mots : *retour de Sainte Hélène*, 9 *décembre*
1840. C'est à *Grand-Couronne* que furent déposées au retour
de Ste-Hélène les cendres de l'Empereur.

Sur la hauteur, on aperçoit l'anc. *chdt. de la Comman-
derie*. La Seine s'élargit, et, après l'*île aux Oiseaux*, on
arrive à *Hautot*, caché dans les arbres. En face du débarcadère, on admire une belle propriété et un joli chât. avec
tourelles que l'on aperçoit à dr. avant d'arriver à *Sahurs*.

En face du chât., à g., le village des *Moulineaux*, dont on
distingue l'église au clocher pointu (v. ci-après); à dr.
l'église de *Sahurs*, près d'un beau château moderne.

Après un petit château construit à l'italienne, on distingue, toujours à g., sur la colline, cachées dans les arbres, les ruines du *château de Robert-le-Diable* et le monument commémoratif d'un combat qui eut lieu en cet endroit en 1870 (v. ci-après).

Enfin, en quelques minutes, après d'immenses rochers taillés en demi-cercle, on arrive à *la Bouille*.

En chemin de fer. — Jusqu'à *Petit-Couronne* (v. ci-dessus p. 60). La voie continue dans la même direction et, dépassant *Grand-Couronne*, s'élève peu à peu en offrant une vue superbe à dr. pour atteindre à l'entrée d'un tunnel la st. de *la Bouille-Moulineaux*.

LA BOUILLE. — Vue générale.

En sortant de la gare, située au ham. du *Petit Grésil*, on a en face de soi deux routes : celle de dr. qui descend, mène directement à *la Bouille* (4 k.) en traversant les maisons disséminées des *Moulineaux* et en passant au-dessous de sa petite église du xiii⁰ s. (peintures anc., boiseries et jubé remarquable en bois sculpté du xvi⁰ s.; au cimetière, if très ancien).

La route de g., que nous vous conseillons de prendre si vous êtes bon marcheur (6 k. 500), s'élève sous bois, dépasse, au-dessus des Moulineaux, une villa et arrive (1.500 m.) à un carr. où s'élève le monument élevé en souvenir d'un combat soutenu les 30 et 31 décembre 1870 et 4 janvier 1871, par l'avant-garde française contre les troupes allemandes qui occupaient Rouen ; il représente une tour ruinée devant laquelle se tient un mobile ; il est l'œuvre de *Foucher* et *Franquet*. Sur une éminence, devant soi, on voit les quelques vestiges d'un *chât. de Robert-le-Diable*, situés dans une propriété particulière. Continuez tout droit en laissant à dr. une route menant directement à *la Bouille* et à g. la route d'Elbeuf ; vous passez sur le versant qui descend vers la rive de la Seine du côté d'Elbeuf (à cet endroit, la boucle que décrit la Seine forme un étranglement qui n'a pas 5 k.). Vous suivez une route ravissante sous bois ; rejoignant la route de Honfleur, qui fait une belle percée dans la forêt, vous longez à dr. une grande propriété et vous arrivez au carr. de la *Maison-Brûlée* (v. ci-dessous), d'où vous descendez à dr. à *la Bouille*.

La Bouille, joli village bien bâti, s'étend le long de la rive g. de la Seine à l'extrémité de la boucle qu'elle décrit et aux pieds de falaises crayeuses. Omnibus pour la st. des Moulineaux (40 c., 4 k.).

Si l'on dispose de tout son temps, on ne devra pas manquer de monter par la *Vieille-Côte*, au carr. de la *Maison-Brûlée* (1 h. all. et ret.; en été, un omnibus fait, au bateau de 11 h. 30 et de 3 h. 30, le service de la Maison-Brûlée ; 30 c.).

A la sortie du bateau, tourner à g., et, passant devant l'église, monter la 2e rue à dr. pour gravir le sentier de la *Vieille-Côte*.

En 25 min., après avoir laissé à dr. la route de *Bourg-Achard*, on arrive au carr. de la *Maison-Brûlée* où l'on trouve un restaurant (auberge incendiée par les Chauffeurs au xviii° s.) et où les routes de Bordeaux et de Honfleur se réunissent à la limite des départ. de l'Eure et de la Seine-Inférieure. On est à la lisière de la belle *forêt de la Londe* (2.150 hect.), but de charmantes promenades (à 1.700 m., st. de *la Londe*, sur la ligne de *Rouen à Serquigny*).

A g. de la route de *Honfleur*, s'élève le *monument du Mobile* (statue de *Millet*), recouvrant le tombeau où ont été réunis les ossements des mobiles morts aux combats des *Moulineaux* et de *la Bouille* (3 et 4 janvier 1871).

De *la Bouille*, une route permet de suivre la rive g. de

4.

la *Seine* et d'aller voir la *Grotte de Caumont*, anc. carrière (prendre un guide).

Autres excursions. — *La Forêt Verte;* charmante excursion très fréquentée par les habitants de Rouen. La Forêt Verte s'étend au N. de la ville et couvre en partie le plateau qui sépare la vallée du *Robec* de celle de la *Clérette*.

On s'y rend par *Bois-Guillaume* (tramway électrique), petit village enfoui dans un nid de verdure, soit par *Mont-St-Aignan* où conduit le prolongement de la rue Verte (restes d'un prieuré des XII°, XIV° et XV° s.). La *Forêt Verte*, anc. propriété des abbés de St-Ouen, offre de ravissants sous-bois, de belles futaies, de jolies mares. Elle est percée de nombreuses routes forestières munies de poteaux indicateurs.

Canteleu, où l'on se rend par la route de Duclair qui se sépare de la route de Dieppe à la barrière du Havre et qui s'élève au-dessus de la vallée de la Seine. Le village domine la rive dr. du fleuve et offre un splendide panorama sur la ville de Rouen. On y remarque un beau château construit par *Mansard*, et une église avec des verrières du XVI° s.

Darnétal, petite ville industrielle, située dans la vallée du *Robec*, au confluent de l'*Aubette;* un tram. électrique y conduit; on y remarque une curieuse église du XVI° s., dite de *Long-Paon*.

La forêt de Roumare, l'une des plus pittoresques des environs, couvre une partie de la presqu'île contournée par la Seine en aval de Rouen. On s'y rend soit par *Canteleu*, soit par *Croisset*.

Admirablement percée de routes qui rayonnent dans tous les sens et que repèrent de nombreux poteaux indicateurs, elle offre une série de sites agréables, buts de promenades variées; citons le *Gros-Hêtre*, près du village de Montigny, dont le tronc mesure près de 9 m. de circonférence; la *mare des Grès;* le *lac d'Épinay* près du carr. du Hêtre des Gardes, etc.; *le Gesselay*, ham. où l'on remarque une anc. maison de Templiers, etc.

St-Martin-de-Boscherville, village situé à 12 k. de Rouen; on s'y rend par la route du Havre qui, passant à *Canteleu*, croise la *forêt de Roumare*. Il est célèbre par ce qu'il a conservé de l'abbaye fondée au milieu du xi° s.; notamment l'*église* du comm. du xii° s., remarquable édifice du style roman, et la *salle capitulaire*, construite au milieu du même siècle, mais dans le style ogival primitif.

Le château de Martainville, superbe édifice situé à 16 k. de Rouen, au village d'*Epreville-Martainville* sur la route de Gournay. Il fut commencé à la fin du xiv° s. et terminé au xvi° s.; de puissantes tours flanquent ses quatre angles; l'int. (demander auparavant l'autorisation par écrit) est meublé dans le style du château et offre de belles cheminées.

Nous vous citerons encore, la *forêt du Rouvray* au S. de Rouen, traversée dans toute sa longueur par la route d'Elbeuf; *Duclair* et les ruines de l'abbaye de *Jumieges* (v. p. 71) ; *Elbeuf*, ville industrielle située au bord de la Seine; *Pont-de-l'Arche*, avec une église remarquable, etc.

DE ROUEN AU HAVRE

Renseignements. — Deux moyens de transport s'offrent au voyageur pour se rendre de Rouen au Havre, l'un le chemin de fer, plus rapide, mais moins pittoresque bien que traversant une région très jolie; l'autre, le bateau à vapeur qui emprunte le cours de la Seine et offre sans cesse des aspects enchanteurs; c'est ce dernier moyen que nous vous recommandons si vous n'êtes pas pressé.

En chemin de fer

Renseignements. — Cette ligne, longue de 88 kilomètres, est admirablement desservie par 14 trains chaque jour, dont 3 rapides et 3 express. Le trajet est effectué ou 1 h. 5 par le train le plus rapide, en 1 h. 40 par les express et en 2 h. 30 par les trains omnibus. Départ, gare de la rue Verte. Prix des places : 0 fr. 95, 6 fr. 75, 4 fr. 40.

Itinéraire. — En quittant la gare de la rue Verte,

la ligne traverse un tunnel de 1,163 m. percé sous le *faubourg Bouvreuil;* après une tranchée, on découvre une jolie vue à g. sur *Rouen* et la *Seine.*

Au delà d'un nouveau tunnel de 352 m., la voie tourne au N. et domine la jolie vallée de *Cailly* parsemée d'usines et de fabriques, dont le versant occidental est couvert par la *forêt de Roumare;* on dépasse *Maromme,* patrie du *maréchal Pélissier;* puis laissant à g. *Notre-Dame de Bondeville* et ses vastes usines, on atteint *Malaunay* (nombreux établissements industriels).

Après la station de *Malaunay,* inclinant vers l'O., on franchit sur un viaduc haut de 26 m. la fertile et verdoyante vallée de Cailly, puis on laisse à dr. la ligne de *Dieppe* (v. *Normandie*). La voie croise les deux tunnels de *Pissy-Poville,* l'un de 2,204 m., l'autre de 427 m.: puis par un charmant vallon couvert de vergers, elle débouche dans la vallée du *ruisseau de Ste-Austreberte,* qu'elle croise sur un magnifique viaduc courbe, construit en briques, long de 800 m. et se composant de 27 arches de 15 m. d'ouvertures s'élevant à 33 m. au-dessus de la vallée. On passe au-dessus de la ligne de *Caudebec* (v. *Normandie*), on aperçoit à g. *Barentin* et ses filatures et on atteint la gare de ce nom (embr. sur *Duclair* et *Caudebec,* v. *Normandie*).

La voie s'élève par une rampe continue sur les plateaux du *pays de Caux,* en quittant la vallée de Ste-Austreberte et en remontant un riant vallon, elle laisse à dr. *Pavilly,* ch.-l. de c. possédant une jolie égl. des xiie et xiiie s. (tombeau de Catherine de Dreux) et gagne, après un petit tunnel de 165 m., la gare de *Motteville* (embr. sur *Clères* et sur *St-Valery-en-Caux,* v. *Normandie*).

Motteville, petit village entouré de fermes qui l'enserrent de leurs hautes futaies, possède un beau *château* construit sous Henri IV où mène une belle avenue d'arbres.

La ligne tourne vers l'O. en laissant à dr. la ligne
de *St-Valery;* elle traverse des champs fertiles coupés
des hauts bouquets d'arbres qui entourent les fermes
et gagne la station d'*Yvetot.*

Yvetot, sous-préfecture, ville de 7.350 hab. située au
centre du *pays de Caux* et célèbre par la royauté si spiri-
tuellement chantée par Béranger.
Une belle route (11 k.) relie *Yvetot* à *Caudebec* (v. ci-
après).

La station suivante (à g., clocher de *Valliquerville*),
est *Allouville-Bellefosse,* desservant ce petit village situé à 2 k. au S. et célèbre par son chêne dont le tronc
(9 m. 80 de circ.) complètement creux renferme deux
chapelles superposées; l'âge de cet arbre est estimé à
8 ou 900 ans. Continuant en ligne droite, la voie parvient à *Foucart-Alvimare;* elle laisse ensuite à g. *Bol-
leville* (égl. des xiiⁱ et xviᵉ s.); puis apercevant à dr.
Raffetot (clocher du xiiiᵉ s.) et le *chât. de Baclair,* on
arrive à *Bolbec-Nointot,* station desservant *Bolbec* (4 k.),
ch.-l. de canton qui possède également une gare sur
la ligne de *Lillebonne* (v. *Normandie*). Inclinant au N.
un moment, la voie revient vers l'O. pour franchir le
viaduc de Mirville, long de 824 m. et formé de
48 arches de 8 m. 60 d'ouverture (35 m. de haut); on
découvre au fond du vallon à dr., au bord d'un petit
étang, le joli *château de Mirville* (xviᵉ s.) et, rejoignant
les lignes de *Bolbec* et de *Fécamp,* on arrive à la gare
de *Bréauté-Beuzeville* (embr. sur *Fécamp* et *Lillebonne,* v. *Normandie*).
La voie incline peu à peu vers le S.-O. à travers un
plateau ondulé, elle dessert *Virville-Manneville* et *St-
Romain,* station reliée par un tramway à *St-Romain-
de-Colbosc.* Elle s'abaisse ensuite par le vallon de *St-
Laurent* aux pentes boisées, elle y dépasse la halte de
St-Laurent-Gainneville et gagne la station d'*Harfleur*

au-dessus de la vallée de la *Lezarde* (v. p. 98). Croisant cette vallée sur un viaduc, la ligne du *Havre* rejoint à dr., dans une tranchée, celle de *Montivilliers;* puis elle longe la base des collines de *Graville-Ste-Honorine* dont on découvre à dr. l'église et dont on dessert la gare (v. p. 97). Apercevant à g. de vastes usines et dépassant de nombreux magasins, on arrive bientôt en gare du *Havre* (v. p. 74).

Par la Seine

Renseignements. — Embarcadère *quai de la Bourse* près du *pont Boïeldieu.* Ce service n'a lieu qu'en été ; départ le matin à une heure variant selon la marée (consulter les affiches), trajet en 5 h. environ à la descente; 1re cl., 6 fr. ; 2e cl., 4 fr. ; billets d'all. et ret., valables 3 jours avec le droit d'effectuer un des trajets par le ch. de f., 13 fr. et 9 fr.

Itinéraire. — Jusqu'à *la Bouille*, v. *Environs de Rouen*, p. 62. Au delà de la Bouille, la Seine prend la direction du Nord, bordée à g. de falaises crayeuses que couronne la *forêt de Mauny*, et où se détache le *château de Caumont;* on aperçoit de ce côté, au débouché d'un petit vallon, le ham. de *la Roche;* puis c'est à dr. *St-Pierre-de-Manneville;* à g., *Beaulieu*, où les collines s'éloignent sur la rive g. et, de nouveau à dr., *Quévillon.*

On découvre à g. *Bardouville*, s'étageant sur les pentes; à dr., à la lisière de la *forêt de Roumare*, se montre *St-Martin-de-Boscherville* (escale; v. p. 66), village au delà duquel les collines de la rive dr., creusées de nombreux ravins, se rapprochent du fleuve dans lequel elles baignent leur base (à g., *Ambourville*) après *la Fontaine* (escale).

Le fleuve, bordé à g. par les maisons de *Rivage*, ham. de *Berville*, est détourné de sa direction par les collines auxquelles il se heurte; il incline peu à peu vers le Sud et arrose *Duclair* (escale; bac à vapeur).

Duclair, ch.-l. de c., joli village bien situé à l'embouchure de la *rivière de Ste-Austreberte*. Église des XIIe, XIVe et XVIe s. ; st. de la ligne de *Barentin* à *Caudebec*.

On découvre plus loin à dr. le *château du Taillis*, de la Renaissance ; la rive dr. est bordée de petites collines que couronne la *forêt de Jumièges* ; à g., dans les prairies, sont disséminés de nombreux hameaux ; après *le Mesnil-sous-Jumièges*, la rive dr. s'abaisse en une plaine alluvionnaire, tandis qu'à *Yville-sur-Seine* (chât. du XVIIIe s. ; escale à *la Roche*), la rive se relève pour former un beau cirque de collines que la Seine baigne pour reprendre au *Landin* (chât.) la direction du Nord, ayant ainsi décrit depuis *Rouen* trois grandes boucles inverses. A g., les collines sont couronnées par la *forêt de Brotonne* (6,758 m.) qui couvre presqu'entièrement la vaste boucle que la Seine va contourner jusqu'à *Aizier*.

A dr., on aperçoit dans les arbres les hautes tours de l'anc. abbaye de *Jumièges* (escale).

Jumièges. — Village situé à quelque distance de la rive dr. de la Seine, est célèbre par son abbaye, une des premières de Normandie fondée vers 655 par *Saint-Philbert*; les deux jeunes fils de Clovis II, qui avaient eu les nerfs des jambes coupés et avaient été abandonnés au fil de l'eau dans une barque, y furent recueillis et y moururent. *Agnès Sorel* y mourut également en 1450.

Pour visiter les ruines, s'adresser au concierge, rétribution. Elles consistent principalement dans les restes de l'*église* bâtie à la fin du XIe s. et surmontée de deux hautes tours romanes ; à la croisée, s'élevait une tour carrée dont il ne reste plus qu'un pan ; la nef seule est bien conservée. A côté de l'église au S., se trouve la petite *Église St. Pierre* construite au XIVe s. près de laquelle s'élève la *chapelle St. Martin* du XVe s. Parmi les ruines, on remarque encore la *salle capitulaire* (XIIIe s.), la *salle des Hôtes* (XIIe s.), des caves, et des dépendances où a été réuni un petit *musée*.

Au delà de Jumièges, la Seine arrose à dr. Yain-

ville et *le Trait* (escale); à g., *Hurteauville*, *Guerba-ville* (escale, bac à vapeur) et *Notre-Dame-de-Blique-tuit* (joli château). On incline vers l'O. et, apercevant à dr. le vallon de *St-Wandrille* et à g. le clocher de *St-Nicolas de Bliquetuit*; on atteint *Caudebec* (escale; bac à vapeur).

Caudebec, ch.-l. de canton, petite ville bien située sur la rive dr. de la Seine au débouché d'un vallon boisé, chemin de fer pour *Barentin*. *Eglise Notre-Dame*, très joli édifice des xve et xvie s.; beau portail; une galerie reproduisant des lettres formant des phrases des psaumes de la Vierge entoure l'église au-dessus de laquelle se dresse une tour terminée par une jolie flèche octogone; à l'intérieur, vitraux très curieux des xve et xvie s.; nombreux retables, etc.

C'est à Caudebec que se produit avec le plus d'intensité le phénomène si curieux du *mascaret*, flot dévastateur qui remonte impétueusement le cours de la Seine. Aussi cet émouvant specta·le attire-t-il sur les quais de Caudebec, à l'époque des grandes marées, une foule considérable.

A 3 k. à l'E. de Caudebec, on peut aller visiter les restes remarquables de *l'abbaye de St-Wandrille*, fondée au viie s. et reconstruite en partie au xviie s., notamment un joli cloître des xive et xvie s., le réfectoire (xiie et xve s.), et l'église des xiiie et xive s.

Longeant le pied de collines élevées, on passe devant la petite chapelle de *Notre-Dame de Barre-y-va* (*Barival*) fréquentée par les marins, et le *château de la Martinière;* puis la Seine tourne encore une fois au Sud et baigne *Villequier* dominé par un joli château du xviie s.

Villequier, village de la rive dr., tristement célèbre par les nombreux naufrages qui ont eu lieu en Seine à sa hauteur. En 1843, Mme *Vacquerie*, fille de *Victor Hugo*, son mari, un enfant et un marinier périrent dans les flots en face de cette localité. Eglise des xiie et xvie s. avec de beaux vitraux du xvie s.

On observe très favorablement aussi, à Villequier comme à Caudebec, le *mascaret*, qui cause tant de ravages et a nécessité la construction de puissantes digues.

Le fleuve s'élargit de plus en plus; à g., *Valleville* et le ham. de *la Neuville*, à la lisière de la *forêt de Brotonne*. A dr., les collines s'éloignent faisant place à une large plaine où se montrent les clochers de *Norville* et de *St-Maurice-d'Ételan* (chât. du xv° s. remarquable) A l'extrémité de la boucle, on passe devant *Aizier* et *Vieux-Port*; puis la Seine se courbe encore vers le N.-O. et, bordée à dr. d'une plaine basse et à g. de petites collines, atteint à g. *Quillebeuf* (escale; bac à vapeur).

Quillebeuf, petite ville bien située sur la rive g. de la Seine au pied d'une petite colline qui sépare la vallée de la Seine du large golfe formé par le *marais Vernier*. Port éclairé par un phare. Église avec une nef romane.

Au delà de *Quillebeuf*, la vue s'étend à g., sur le golfe qu'occupe maintenant le marais Vernier, desséché depuis le xvii° s.; en avant on commence à apercevoir la *pointe de Tancarville* et les ruines de son château; à g., on découvre l'ouverture de la vallée de *Bolbec* et *Lillebonne*. On dépasse *Tancarville* et l'entrée du canal menant au Havre; on double à g. la *pointe de la Rocque* supportant un phare et fermant à l'O. le Marais Vernier; puis on voit encore de ce côté l'embouchure de la *Risle* où s'étend *Berville-sur-Mer*; à dr., se montrent, le *cap du Hode*, le village de *Sandouville*, le château d'*Orcher*, la *pointe du Hoc* et le clocher élégant d'*Harfleur*.

Le bateau, passant au large du *rocher Godin*, des *Roches-à-Gervais*, du phare de *Fatouville* et du village de *Fiquefleur* à l'embouchure de la *Morelle*, se dirige vers *Honfleur* où il ne s'arrête pas.

Devant vous, la haute mer. A votre gauche, faisant

suite pour ainsi dire à Honfleur, la *côte de Grâce*, les rochers d'*Hennequeville*, *Villerville*, *Trouville* et les côtes du Calvados. A votre dr., l'embouchure de la Seine, la *pointe du Hoc*, *Graville-Ste-Honorine* et *Le Havre* dont on s'approche de plus en plus en inclinant au N.-O. Enfin, doublant la digue du Sud et pénétrant dans la rade, on traverse l'avant-port pour aborder au *quai Notre-Dame.*

Le Havre

Ville de 130,200 hab., sur la Manche à l'embouchure de la Seine, sous-préfecture, ville bien bâtie et port très animé, tête de ligne des bateaux de la Cie Transatlantique pour New-York ; nombreux bassins, commerce considérable de cotons, de cafés de laines, de peaux, etc.

Arrivée au Havre. — A la sortie de la gare, on trouve des voitures de place (voir tarif ci-dessous), les omnibus des principaux hôtels, des omnibus de ville (30 c. le jour et 40 c. la nuit), et les tramways pour la ville. Celui des *Grands Bassins au Grand Quai* conduit à l'Hôtel de Ville et à la Jetée.

Si l'on arrive par les bateaux, on trouve aux débarcadères des voitures de place et des commissionnaires.

Choix d'un hôtel. — V. *Agenda du Voyageur*, lettre H.

Voitures. — *Tarif pour l'intérieur de la ville.* — De 6 h. du matin à minuit : la course 1 fr. 25; l'heure, 2 fr. ; de minuit à 6 h. du m. : la course 2 fr., l'heure, 2 fr. 50. Bag., 20 c. par colis, 15 kil., 30 c. pour 30 kil. et 50 c. pour 50 kil.

Tramways électriques. — De la *Jetée à Graville*, 20 et 15 c. — Du *Rond-Point* à *Ste-Adresse* et à *Ignauval* par la gare et l'Hôtel de Ville, 25 et 20 c. — Du *Grand-Quai* aux *Grands Bassins*, par l'Hôtel de Ville et la Gare, 15 et

Le Havre. — Vue générale prise de Sainte-Adresse.

10 c. — De l'*Hôtel de Ville* aux *Abattoirs*, 15 et 10 c. — De la *Gare* à *Sanvic* et à *Bléville*, 25 et 20 c. — De la Gare à Sanvic et à *Boulogne-Cronstadt*, 15 et 10 c. — De la *Gare* à la *Jetée*, 15 et 10 c. — De la *place Thiers* au *Pont Notre-Dame*, 15 et 10 c. — De la *place Gambetta* au *Cimetière*, 15 et 10 c. — De la *Jetée* et de l'*Hôtel de Ville* à la *Hève* 15 et 10 c. — Du *Havre* à *Harfleur* et à *Montivilliers*.

Funiculaires. — De la *rue du Champ de Foire* à *Ingouville*, 10 c., t. l. 5 min. — De la *rue Clovis* au *cimetière Ste-Marie*, 10 c.

Voitures automobiles. — Pour *Etretat*, 4 f. par j. — Pour *Quillebeuf*, par Tancarville et Lillebonne, 4 f. par j.

Bateaux à vapeur. — Pour *Honfleur*, dép. Grand Quai, 1 et 2 f. par j. en hiver, 3 f. en été; passerelle, 2 fr.; 1re, 1 fr. 10; 2e, 60 c. — Pour *Trouville*, dép. Grand Quai, 1 ou 2 f. par j. en hiver, 3 f. par j. en été; passerelle, 3 fr.; 1re, 1 fr. 60; 2e, 85 c. — Pour *Caen*, dép. Grand Quai, t. l. j. à la marée, 1re, 5 fr. 50; 2e, 3 fr. 50; all. et ret., 7 fr. 30 et 5 fr. 30; bagages, 1 fr. 50 les 100 kil.; bicyclette, 50 c. — Pour *Rouen*, t. l. j. en été à la marée, 1re cl., 6 fr., 2e cl., 4 fr.; all. et ret. valables par ch. de f., 13 et 9 fr. — Pour *Tancarville*, en été, le dim., 2 fr. all. et ret. — Pour *Cherbourg*, env. 2 f. par sem.; 12, 10 et 8 fr.; all. et ret., 20, 16 et 1 fr. — Pour *St-Malo* ou *Granville*, t. l. sem. — Pour *Morlaix*, t. l. sem. env. — Pour *Southampton* (*Londres*), t. l. j. exc. le dim. à 11 h. 45 du s.; dép. Grand Quai. — Pour *New-York*, t. l. samedis. — Pour les *Antilles*, le 15 et le 22 de chaque mois, etc.

Poste, Télégraphe et Téléphone. — Bureau principal, 108 et 110, boulevard de Strasbourg. — Bureaux succursales : rue de Paris; 1, rue Foubert; rue de l'Amiral-Courbet; rue de Normandie, 143, 145; rue d'Etretat; rue du Champ de Foire, 62; rue de la Fontaine, 20; rue Beaumarchais, 2.

Itinéraire de la gare en ville. — Si vous désirez vous rendre à pied de la gare au centre de la ville, suivez l'itinéraire du tramway du Grand-Quai, c'est-à-dire le *boul. de Strasbourg*, qui s'ouvre devant la gare, et, arrivé près du *square de l'Hôtel-de-Ville*, tournez à g., pour prendre la *rue de Paris* qui fait face à l'*Hôtel de Ville* et vous conduit *pl. Gambetta*, centre de la ville.

Deux mots sur le Havre. — Le Havre n'est point une ville ancienne; vers le milieu du xv⁰ s., il n'existait, sur l'emplacement qu'il occupe aujourd'hui, que deux tours prises par les Anglais, sous *Charles VII.*

Louis XII fit augmenter ses fortifications vers 1509. C'est à *François I*ᵉʳ que cette ville est redevable de ses premiers développements et de sa splendeur maritime. Sa première munificence fut d'exempter les habitants de la *taille*, des *aides* et des *droits sur le sel.*

Le 26 juillet 1694, une escadre anglaise bombarda la ville pendant deux jours et y causa de grands ravages. En 1716 et 1717, le commerce obtint de faire la traite des noirs et arma de nombreux navires pour les Antilles, l'Amérique et la Guinée. C'est sous le règne de *Louis XV* que la puissante Compagnie des Indes fonda au Havre le principal siège de ses armements.

Le port du Havre est l'un des plus sûrs et des plus accessibles de France, et le seul de la côte offrant aux steamers un abri parfait.

Les phares, les jetées et les quais de l'avant-port sont éclairés à la lumière électrique, ce qui permet aux navires de pénétrer dans les bassins pendant les marées de nuit.

Jusqu'en novembre 1871, les établissements maritimes n'ont été composés que d'un avant-port, d'une surface d'eau de 10 hect. environ, et de 7 bassins à flot se reliant par des écluses intérieures et occupant un espace de 47 hect. Mais, depuis cette époque, le bassin de la Citadelle (68 hect.) et le bassin Bellot ont été livrés à la navigation, ainsi que le canal de Tancarville et trois formes sèches (au total 6 formes), pour la réparation des navires.

L'avant-port et les bassins sont bordés de larges quais dont la longueur est d'environ 12.000 m. Les plus remarquables sont ceux du *bassin de l'Eure*, du *bassin de la Citadelle* et du *bassin Bellot* : les premiers, d'une largeur de 50 m., les seconds de 70 m.

De nouveaux travaux ont été entrepris en 1899, et seront bientôt terminés, ils doteront le Havre d'une magnifique rade en eau profonde. Du rivage, vis-à-vis du boulevard Maritime, se détache un vaste terre-plein bordé de quais d'accostage, en avant duquel s'étend une superbe digue sur une longueur de 850 m. dans la direction S.-O. De l'autre côté du port, on établit un large quai d'escale long de 810 m. où les plus grands navires pourront accoster à toute heure de la marée; une digue de 875 m. la prolonge fermant la rade et ménageant avec la digue du N. une large passe bien protégée et accessible à toute heure. La jetée du N. a disparu et a été remplacée par une courte jetée placée plus au N., près de la plage Frascati. La jetée du Sud ainsi que le bastion de la Floride sont appelés à disparaître et à augmenter l'ava t-port.

Cet avant-port communiquera par un immense sas éclusé, le plus grand construit, établi à l'emplacement de l'ancien bassin de la Floride, communiquant directement avec le bassin de l'Eure permettant ainsi aux plus grands transatlantiques d'entrer dans les bassins à toute heure de la marée.

Le Havre n'aura dès lors rien à envier aux ports les plus favorisés. Ce port aura coûté plus de deux cents millions.

Mais il est juste d'ajouter que les droits perçus, ici, se montent annuellement à cinquante millions, sans compter ceux perçus à la douane de Paris.

Le Havre, aujourd'hui l'une des stations les plus importantes de la navigation à vapeur de l'Europe, communique, par ses paquebots, avec l'Angleterre, la Hollande, la Russie. le Portugal, l'Espagne, le Brésil, l'Amérique, etc.

Des steamers transatlantiques vont et viennent presque quotidiennement; et rien n'est plus intéressant que ce grand mouvement de navigation à vapeur offrant toujours, même pour les gens de la ville, des péripéties émouvantes et sans cesse nouvelles.

Rien de plus animé que l'aspect de cette ville, où les affaires et les plaisirs se donnent la main. C'est le point central, le lieu de rendez-vous de tous les baigneurs qui viennent explorer la côte, pendant la saison des bains de mer.

La ville bien bâtie et d'un aspect pittoresque, est percée de belles et larges rues bien alignées, bordées en général de beaux hôtels et de belles maisons.

La *rue de Paris* en est la principale; c'est là qu'est la vie, l'animation et le commerce; on y admire de riches et somptueux magasins.

La *place du Théâtre*, ou *place Gambetta*, faisant face au bassin du Commerce, où se tenait autrefois la Bourse, est le rendez-vous des étrangers. C'est la partie vivante, autrement dit le cœur du Havre. On y trouve à g., un square, où se tient le marché aux fleurs, et, sous les arcades, de nombreux cafés avec terrasses.

Le Havre possède de splendides boulevards, parmi lesquels nous citerons : près de la jetée du Nord, le *boulevard François Ier*, de 1.030 m. de longueur; le *boulevard de Strasbourg*, où se détache, en face du Jardin public, l'Hôtel de Ville, splendide et gigantesque construction dans le style de la Renaissance; le *cours de la République*, qui part du bassin Vauban pour aboutir à la route nationale; enfin, le *boulevard Maritime*, qui borde la plage.

Le Havre est la patrie des écrivains *Bernardin de St-Pierre* et *Casimir Delavigne*, de l'acteur *Frédrick Lemaitre*, et de l'*abbé Cochet*, archéologue.

Plaisirs du Havre. — Le Havre possède plusieurs salles de spectacles :

Le *Grand Théâtre*, situé place Gambetta; le *Théâtre Cirque*, boulevard de Strasbourg, près du palais de Justice, concerts et cirque; les *Folies Bergères*, rue Corneille derrière les Halles Centrales, attractions, café-concert.

Citons encore le *Casino Marie-Christine*, situé à l'extrémité de la *rue de Ste-Adresse*, près de l'octroi (entrée des jardins sur le boulevard Maritime), et le *Casino Frascati*, situé dans le jardin de l'hôtel Frascati (entrée par la terrasse ou par le jardin).

Au Havre, ont lieu chaque année des *régates* très suivies durant plusieurs jours, et des réunions de *courses de chevaux* très fréquentées.

Les bains de mer. — La plage du Havre, couverte de galets, s'étend depuis la jetée jusqu'à la côte de Ste-Adresse; les bains se prennent devant l'*hôtel Frascati* et devant le *casino Marie-Christine*. Les bons nageurs se baignent généralement à la marée haute. Le commun des mortels préfère la marée basse pour éviter le galet et marcher sur le sable.

Le Havre. — Place Gambetta.

ITINÉRAIRE DANS LA VILLE

Partir de la *pl. Gambetta*, centre de la ville où se trouvent dans un joli square les statues de *Casimir Delavigne* et de *Bernardin de St-Pierre*; remarquer, faisant face au *Grand-Théâtre*, le *bassin du Commerce*, où, à dr. et à g., sont rangés généralement de fort jolis yachts. Il est divisé en deux parties par une passerelle, réunissant la *pl. Jules-Ferry* et l'*île St-François*. Un des côtés de la place est occupé par les marchés aux fleurs.

Le Grand-Théâtre, fait face au bassin du Commerce ; le *duc d'Angoulême* en posa la première pierre en 1817. L'inauguration en eut lieu le 25 août 1825 et fut célébré par un prologue en vers de *Casimir Delavigne*, le célèbre poète havrais.

Incendié le 20 avril 1843, on profita de sa restauration pour y faire de notables changements qui l'embellirent.

Du balcon du foyer, on jouit de la vue du bassin du Commerce, qu'anime une forêt de mâts.

Nota. — Si vous suiviez le quai d'Orléans vous ne tarderiez pas à atteindre, à g., la *Bourse*.

Faisant face au bassin, tournez à dr. et suivez la *rue de Paris*, la rue la plus animée de la ville.

Vous laissez à votre g., le *marché aux fruits et aux poissons* (fontaine au centre), dominé par l'ancien *Palais de Justice*, renfermant actuellement le *Musée d'histoire naturelle* et plusieurs autres collections.

Le Muséum d'Histoire Naturelle est ouvert les dim. et jeudis de 10 h. à 5 h. et tous les jours pour les étrangers (rétribution). Il comprend des collections de géologie, des collections zoologiques très complètes, notamment des coquillages et des coléoptères; et une baleine qui vint s'échouer au Havre.

Un peu plus loin, vous voyez à g. la façade de l'*église Notre-Dame*.

L'Église Notre-Dame fut commencée en 1574, par *Duchemin*, maçon au Havre; elle occupe l'emplacement d'une petite chapelle bâtie par les pêcheurs. L'architecture du portail extérieur, qui date de 1727, est d'ordre ionique par le bas, et d'ordre corinthien dans sa partie supérieure; c'est le style gréco-romain, adopté assez généralement au XVIIᵉ s.

Elle est flanquée d'une tour carrée massive servant de clocher (1537), qui autrefois plus élevée était utilisée comme phare.

On remarque, à dr. et à g. de l'entrée, deux grandes coquilles marines servant de bénitier. A l'exception de l'orgue dont le buffet est un don de Richelieu et de la chaire du XVIIᵉ s., ornés d'assez belles sculptures, et des verrières modernes, l'intérieur de l'église n'a rien de remarquable. Sous les dalles de l'église ont été inhumés les corps de trois Havrais : Isaac, Pierre et Jacques Raulin, officiers dans la milice bourgeoise, qui attirés dans un guet-apens à l'Hôtel de Ville par le commandant de place, y furent assassinés par son ordre (1599). M. Morlent, chroniqueur havrais, ajoute

« que le pavé de la salle resta longtemps souillé du sang des victimes et ne fut lavé que lorsque Louis XV vint au Havre ».

Un square entoure l'abside de l'église.

Continuant à suivre la *rue de Paris*, vous arrivez à son extrémité sur le *Grand Quai*, au bord de l'*Avant-Port*, près du débarcadère des bateaux de *Trouville* et de *Honfleur*.

A votre dr., en façade sur le quai, se trouve le *Musée-Bibliothèque*.

Le Musée-Bibliothèque est un édifice sans aucun caractère architectural inauguré en 1815, précédé d'une grille.

Il renferme le *Musée de peinture et de sculpture*, le *Musée d'archéologie* et la *Bibliothèque*.

Les musées sont ouverts en été les dim., mardi et jeudi, de 10 h. à 5 h.; et en hiver de 10 h. à 4 h. les dim. et jeudi seulement; les étrangers peuvent visiter tous les jours en s'adressant au concierge, 2, rue des Viviers (rétribution).

Un magnifique *vestibule* au rez-de-chaussée, renferme la sculpture, (les exilés, *M. Moreau;* l'Improvisateur, *Charpentier;* buste de Frédérick Lemaitre, *Deloye;* Psyché, *Oudiné,* etc.); à dr., s'ouvre la *galerie des dessins, aquarelles et pastels.*

Du vestibule, un splendide escalier décoré de panoplies et de la statue de François 1er conduit à l'entresol où se trouve une *galerie de peinture*, puis au 1er étage occupé par le *grand salon de peinture*, vaste pièce bien éclairée par une coupole vitrée.

Parmi les tableaux exposés dans ces diverses salles, nous vous signalerons : La place St-Marc à Venise, *Guardi;* St-Pierre repentant, *Ribera;* St-Sébastien, *van Dyck;* Joueurs de cartes, *Téniers;* Paysanne avec une chèvre, *A. Cuyp;* Intérieur d'église, *E. de Witte;* Chien et gibier, *de Hondekoeter;* un Port, *S. de Vlieger;* et parmi les toiles modernes : Remise de chevreuils, *Courbet;* Salve aux Invalides, *Dawant;* la Tentation, *Nanteuil;* Abreuvoir arabe, *Chassériau;* à Landemer, *Michel;* Enterrement à Villerville, *Dantan;* le Moulin, *Hanoteau;* St-Jean-Baptiste, *Humbert;* les Ecus, *Em. Lévy;* l'Interdit, *J.-P. Laurens;*

le port de Honfleur, *Mozin;* le Lavoir, *Peles;* Troupeau de moutons, *Troyon,* etc.

Le grand salon est flanqué de deux galeries contenant l'une, celle de droite, la *Bibliothèque* (48.000 vol.), et l'autre, celle de gauche, différentes curiosités entre autres un magnifique bureau de Boule en écaille et en cuivre, et une belle cheminée du XVI° s.

A la *bibliothèque* est annexée la collection des médailles, riche de plus de 6.000 échantillons de monnaies et médailles antiques et modernes.

Dans le sous-sol (à g. de l'entrée) est disposé le *musée d'archéologie* ou *musée Cochet,* comprenant une collection intéressante d'antiquités, surtout locales.

Après avoir visité le *Musée,* dirigez-vous en face et un peu à dr. vers le port dont vous longez à dr. le chenal en passant sur deux estacades qui sont lancées au-dessus des *brise-lames,* sortes de petits bassins destinés à amortir les lames qui, après s'être épanouies sur leurs plans inclinés, reviennent sur elles-mêmes et rentrent dans l'avant-port avec le même calme par un jour de tempête qu'en temps ordinaire.

A dr., au delà de ces brise-lames s'étend la *Chaussée des États-Unis* où vient aboutir le magnifique *boul. François I°*.

Continuant à longer le chenal, vous arrivez à l'extrémité de la nouvelle *jetée du Nord,* d'où vous découvrez l'ensemble de la rade et ses deux vastes digues; à votre dr., la *plage de Frascati,* et, au delà de la digue, les maisons de *Ste-Adresse* et le *cap de la Hève;* à votre g., l'estuaire de la *Seine* et la *côte de Grâce* qui s'estompe à l'horizon; devant vous, l'immensité de la mer toujours sillonnée d'une multitude de bateaux de toutes sortes.

De la jetée, revenez sur vos pas et, par la *Chaussée des États-Unis,* gagnez le *Grand quai* que vous suivez; ce quai, bordé à g. de vieilles maisons à façade recouverte d'ardoises, est toujours très animé par le vaet-vient des bateaux de *Trouville* et de *Honfleur*, dont vous dépassez à dr. les embarcadères; c'est ensuite les magasins du service des paquebots de *Soulhamp-ton.*

A l'extrémité du *Grand-Quai* où se trouve à g. la *douane*, tournez à g. par le *quai Notre-Dame* où stationnent les bateaux de *Rouen.* En face de la *rue des Drapiers*, franchissez à dr. le *pont Notre Dame*, qui fait communiquer l'*Avant-port*, au *bassin du Roi* et au *bassin du Commerce* à g. Vous êtes dans l'*île St-François*, entourée de tous côtés par les bassins.

En face du pont, suivez la *rue du Général Faidherbe*; dans cette rue à g., s'ouvre la *rue de la Fontaine* menant à la *pl. St-François*, où s'élève l'église de ce nom.

L'Église St-François, entourée d'une grille en fer, date de 1553. Son portail et son clocher sont modernes (1841); à dr. et à g., les bénitiers sont formés de coquilles marines.

Au maître-autel, on remarque une gloire céleste et deux vitraux modernes d'un fort bel effet. Les parois de la chapelle de la Vierge sont ornées de bas-reliefs en chêne, représentant des sujets de la vie de St-François d'Assise.

Continuez la *rue du Général Faidherbe* et, à son extrémité, traversez, un peu sur la droite, le *pont de la Barre*, reconstruit en 1884. Vous avez, à dr., l'*avant-port*, et, à gauche, le *bassin de la Barre*, au fond duquel vous apercevez la *caserne Kléber*, et, à g., en bordure du *quai Casimir Delavigne*, la *Manufacture des tabacs.*

Après le *pont de la Barre*, laissez à g. le *quai Lamandé*, dirigez-vous vers le *pont du Sas*, qui doit son nom au petit bassin de mi-marée, ou *Sas*, précédant le bassin de la Citadelle. Après l'avoir traversé, suivez, en face, le *quai Aug. Broström* qui sépare l'avant-port de 3 formes de radoub (v. ci-après) qui s'ouvrent sur le *bassin de la Citadelle*; à dr., la gare où les

voyageurs arrivant d'Amérique prennent le train transatlantique, vous trouvez ensuite, à votre dr., le *pont
des Transatlantiques* jeté sur l'*écluse des Transatlantiques*, une des plus vastes connues. Sa largeur est de
30 m. Elle sépare l'avant-port du grand *bassin de
l'Eure*, où stationnent les *steamers transatlantiques*
français, qui desservent les lignes d'Europe et d'Amérique.

Le Bassin de l'Eure. — Le bassin de l'Eure a de gigan-
tesques proportions. Sa largeur est de 200 m. et sa longueur
développée de 1.100 m. Les portes de l'écluse sont énormes,
et le pont en fer et à deux voies qui relie les deux rives,
malgré son poids monstrueux de 257.000 kil. et sans sup-
ports, se manœuvre en une minute.

Laissant à votre dr. le *pont des Transatlantiques*,
longez à g., par le *quai de New-York*, le *bassin de
l'Eure*, jusqu'au pavillon des Transatlantiques, où stationnent les bateaux de cette Compagnie, et qui longe
le quai des Transatlantiques.

Nota. — Si vous voulez visiter l'un de ces magnifiques
steamers, adressez-vous au bureau de la *Compagnie transatlantique* où, moyennant 50 c., on vous délivrera une carte
vous permettant de visiter le bateau en partance.

Les Transatlantiques. — Le dernier navire mis en
service, la *Savoie*, est un modèle du genre sous tous les
rapports.
. La *Savoie*, l'un des plus vastes, des plus élégants et des
plus rapides de la ligne, jaugeant 15.400 tonneaux a 18 m. 20
au maître-bau et 177 m. 10 de longueur sur le pont; sa
puissance est de 22 000 chevaux, et sa vitesse de 23 milles
marins. Ces navires coûtent en moyenne de 5 à 6 millions.
Aménagés d'une manière splendide, ils résument tout comme
confortable.
Il faut avoir visité un de ces magnifiques navires pour
se faire une idée de leur élégance et du confortable qu'ils
offrent aux passagers. A voir leur merveilleuse installation,

on se croirait plutôt dans un salon que dans un steamer; les glaces, les dorures, les revêtements des murs, en bois précieux, y resplendissent à profusion. Un brillant éclairage se reflète dans les glaces, et, par une ingénieuse disposition, produit une vue féerique. qui paraît s'étendre à l'infini.

Votre visite terminée, si vous ne voulez pas pousser plus loin votre promenade dans le port, à la sortie d'un Transatlantique, longez, à dr., le quai des Transatlantiques, puis traversez le *pont de la Citadelle*, qui relie à g. 'e *bassin de la Citadelle* au *bassin de l'Eure*, à dr.

Après le pont de la Citadelle, continuez à longer le *bassin de l'Eure*, et, arrivé à l'extrémité du quai, laissant à dr. le *pont de l'Eure*, qui sépare le *bassin de l'Eure* du *bassin Vauban*, tournez à gauche et suivez, à partir de ce point, l'itinéraire de la p. 89.

Si, au contraire, vous désirez visiter le port dans tous ses détails (ce que nous vous recommandons fort), à la sortie du pavillon des Transatlantiques, tournez à g., pour revenir au *pont des Transatlantiques*; traversez-le; vous arrivez au *grand sas ccl. é*, de dimensions co'ossales qui relie directement l'avant-port au bassin de l'Eure. Il permet d'écluser à toute heure de la marée, les plus grands steamers. Franchissez-le, et le longeant à g., rendez-vous à la *digue St-Jean*, longue de 1,800 mètres, d'où vous pourrez admirer l'embouchure de la Seine. En suivant cette digue, vous longez à dr., une ligne de fortifications, et, à g., le bassin de l'Eure; à l'extrémité de celui-ci, vous laissez à g., le *pont Bellot* jeté sur l'écluse qui le fait communiquer avec le *bassin Bellot*, que vous suivez maintenant.

Le Bassin Bellot. — Le bassin Bellot, 1.150 m. de long, est limité au nord par le bassin fluvial du *canal de Tancar-*

ville, au S. par la digue St-Jean, à l'O. par le bassin de l'Eure, dont il est séparé par une traverse de 100 m., et est relié à l'E. par la gare maritime, à la gare de *Graville*. Sa superficie est de 21 hectares et demi ; ses ponts, vannes et écluses fonctionnent à l'aide de machines hydrauliques. Le bassin est divisé en deux darses, presque égales comme surface, par une traverse de 100 m., et son écluse, située dans l'axe de l'écluse des Transatlantiques, mesure 30 m. de largeur.

. A l'extrémité du *bassin Bellot*, se trouve le bassin à pétrole que domine le fort des Neiges.

Traversez à g. le *bassin Bellot* en son milieu par le *pont Chevallier*, vous arrivez au *pont de la Saône* jeté sur l'écluse qui fait communiquer le *bassin fluvial* suite du *canal de Tancarville*, avec le *sas* qui conduit au *bassin de l'Eure*.

Le canal de Tancarville, d'une longueur de 25 kilomètres, traverse la plaine de Graville, non loin du champ de courses du Havre, et aboutit à la *Seine*, à *Tancarville*, près d'un ancien château. L'utilité de ce canal est considérable, car il évite aux bateaux, naviguant sur la basse Seine à destination du Havre, le passage de l'estuaire de la Seine. C'est dans ce même but que l'on construit actuellement, près de Tancarville, un bassin destiné à abriter les torpilleurs.

Tournez à g. par le *quai de la Meuse* auquel fait suite le *quai de l'Escaut* ; vous revenez au bord du bassin de l'Eure. A dr., traversez le *pont de la Seine* jeté sur l'écluse que relie le canal de Tancarville à la mer ; en inclinant à g.. vous atteignez les *cales de radoub ou cales sèches*.

Les cales sèches où les navires peuvent être mis à sec pour subir les réparations nécessaires sont au nombre de six, dont trois dans le bassin de l'Eure sont de proportions colossales ; les trois autres s'ouvrent sur le bassin de la citadelle.

Les dimensions de la plus grande sont de 30 m. de largeur d'écluse, 34 m. de largeur intérieur et plus de 200 m. de longueur totale. Elle peut recevoir un navire de 200 m. de longueur de quille. C'est dans le bâtiment, surmonté d'une grande cheminée, que se trouve la machine à vapeur qui sert à vider en 18 h. la cale sèche. Les cales sèches sont éclairées le soir à la lumière électrique.

La fermeture de la forme consiste en un bateau-porte en tôle sur lequel circulent piétons et voitures. Ce bateau se compose de cinq parties : la quille haute de 1 m. 60, et servant d'appui contre le busc du radier; un premier compartiment étanche, contenant le lest et formant flotteur; un deuxième compartiment, recevant librement les eaux du bassin; un troisième compartiment étanche, qu'on remplit d'eau douce pour faire échouer le bateau; le pont à voiture, couronnant l'édifice.

Lorsque l'on veut ouvrir la forme, on extrait l'eau du compartiment supérieur. Ainsi allégé de ce poids additionnel destiné à le maintenir en place, il se relève, flotte et est vite enlevé. Le navire une fois entré, on ramène alors le bateau dans ses rainures et on le coule, en remplissant à niveau le compartiment supérieur. A partir de ce moment, on procède au placement du bateau sur les tins ou traverses qui reçoivent la quille, et on l'étançonne solidement des deux côtés pour le maintenir droit. L'opération terminée, commence l'office des pompes qui, en moyenne, épuisent l'eau en 18 h.

Les pompes sont mues par deux machines de la force de 25 chevaux chacune, qui élèvent : la première 918,000 litres, et la deuxième à 810,000 litres, à 15 à 17 m. de hauteur par heure. Ces eaux sont refoulées dans le bassin de l'Eure.

Des cales sèches, longez à dr., les magasins qui bordent le *quai Renaud* et traversez le *pont des Docks*, qui sépare le *Dock-Entrepôt* à dr., du *bassin de l'Eure* à g.

Immédiatement après ce pont, vous longez, à dr., par le *quai de Marseille*, un grand bâtiment en briques, surmonté d'une horloge; c'est l'*Administration des Docks*, renfermant les innombrables services, les bureaux et les logements des directeurs et des principaux agents de cette vaste exploitation.

Le Dock-Entrepôt. — Un décret de 1854 a concédé à la ville du Havre la construction et l'exploitation d'un vaste établissement d'entrepôt. La ville, conformément à son cahier des charges, en a fait la rétrocession à la Compagnie Périer, déclarée titulaire de l'exploitation. Ces docks peuvent contenir 130.000 tonnes de marchandises.

Indépendamment du Dock, il existe à l'extrémité de cet établissement, une vaste étendue de magasins, d'une contenance énorme, pour les marchandises non soumises au contrôle douanier.

Dix minutes suffisent pour se rendre des bâtiments de *l'Administration du Dock* aux *Magasins généraux*, en longeant le *quai Prissard*, le long du *bassin Vauban*.

A l'extrémité du *bâtiment des Docks*, tournez à g., et longeant le *bassin Vauban*, à dr., traversez le *pont de l'Eure*, qui relie le bassin de ce nom au *bassin Vauban*. Laissant alors à g. le *quai des Transatlantiques* et le *pont de la Citadelle*, après lequel se trouve le pavillon de la C¹ᵉ transatlantique, que vous avez visité, continuez droit devant vous.

Nota. — C'est cet itinéraire que devront suivre les touristes qui, après la visite des Transatlantiques (page 86) ne voudront pas pousser plus loin leur exploration dans le port .

A 100 m. environ du *pont de l'Eure*, franchissez, à dr. le *pont Vauban*, remarquant sur votre g., après le pont, la *Morgue*, et à dr. la *caserne Kléber*.

A g. de celle-ci, prenez la *rue de Lorraine*, qui passe le long de la *caserne Éblé* à g. et aboutit au *boul. de Strasbourg*.

Nota. — Si vous voulez gagner la gare, le *boul. de Strasbourg* vous y mène à dr. en 6 min.

Suivez à g. ce boulevard, vous laissez à dr. le *Théâtre-Cirque* et le *Palais de Justice* et vous arrivez à la *place Sadi-Carnot*, où s'élèvent à dr., en bordure du boulevard, la *Sous-Préfecture*, et, à g., au fond, la *Bourse*.

La Bourse. — Le palais de la Bourse, comprend quatre façades dont deux principales s'étendent, l'une sur la *place Jules Ferry* bordée par le bassin du Commerce, l'autre, sur la *place Sadi-Carnot*.

L'architecture, d'un style sévère, est agrémentée de sujets décoratifs répondant à la destination du monument.

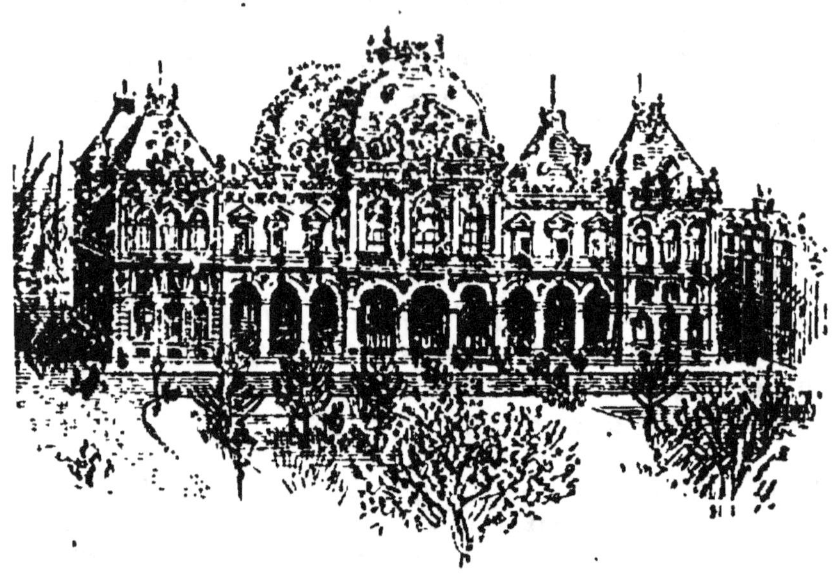

LE HAVRE — La Bourse.

Les deux façades principales sont flanquées, aux angles, de deux pavillons, et couronnées, au centre, par un dôme d'aspect grandiose.

L'intérieur comprend une grande et belle salle, précédée au N. et au S. de deux vastes portiques.

Les autres distributions intérieures sont conçues dans le goût des Bourses de Liverpool et de Hambourg.

Ce palais, commencé le 1er octobre 1877 et terminé le 29 septembre 1880, est l'œuvre de *Lemaître*.

Du palais de la *Bourse*, descendant toujours le *boul. de Strasbourg*, vous passez, à g., devant *la Poste et le*

Télégraphe, et vous arrivez *place de l'Hôtel-de-Ville*, ornée d'un joli square et où s'étend à dr. l'*Hôtel de Ville*.

L'**Hôtel-de-Ville**, construit de 1855 à 1859 sur les plans de *Brunet-Desfontaines*, est un bel et vaste édifice de proportions grandioses dans le style de la Renaissance; le bâtiment central flanqué de deux ailes, s'élève à 43 m. de haut. Il renferme de jolies salles.

Nota. — Vis-à-vis de l'*Hôtel de Ville*, s'ouvre la *rue de Paris*, me. ant à l'entrée du port.

Le Havre. — L'Hôtel de Ville.

Visitez le square, et, passant devant l'*Hôtel de Ville*, continuez à suivre le *boulevard de Strasbourg;* quelques minutes suffisent pour vous rendre au *square St-Roch*, bordé d'une grille en fer, planté de beaux arbres et orné de massifs et de pièces d'eau (musique militaire).

Visitez le square St-Roch, puis ressortez par le *boulevard de Strasbourg*, et, tournant à dr., marchez en ligne directe vers la mer, où commence, à dr., le *boulevard Maritime*, magnifique promenade, qui s'étend au bord de la mer jusqu'à *Ste-Adresse* et se prolonge par le *boulevard Félix-Faure* jusqu'au *cap de la Hève*. Cette promenade, très fréquentée par les habitants du Havre, est une des plus jolies que l'on puisse voir par le charmant panorama qui s'offre au passant.

En avant dans le prolongement du *boulevard de Strasbourg*, s'étend le terre plein du nouveau port sur lequel on peut s'avancer; on peut même aller jusqu'à l'extrémité de la digue; de son extrémité, on découvre une vue superbe sur *Ste-Adresse*, *Ingouville*, *le Havre* et la côte du *Calvados*.

Du *boulevard Maritime*, revenez sur vos pas par le *boulevard de Strasbourg* et suivez à dr. le *boulevard François Ier*, large et magnifique voie bordée de jolies constructions, qui vous amène à la *Chaussée des États-Unis*, c'est-à-dire à l'entrée du port.

ENVIRONS DU HAVRE

Le Havre, ville commerçante par excellence, est en même temps un centre d'excursions pour le touriste qui, en séjournant dans cette ville, trouvera ample matière à occuper agréablement plusieurs journées.

Le cap de la Hève et Sainte-Adresse. — Excursion très intéressante et que tous les touristes de passage au Havre doivent faire.

On s'y rend soit à pied (2 h. env. all. et ret.), soit partie à pied et partie en tramway (pour aller, tramway de l'*Hôtel-de-Ville* à *Ignauval*, descendre au *Carreau*; pour le retour, tramway de *la Hève* à l'*Hôtel de Ville*) soit enfin en voiture particulière (1re h., 3 fr. 50, les suivantes, 2 fr. 50). Si vous êtes plusieurs ensemble, n'hésitez pas à prendre une voiture.

Les voitures, sauf quelques endroits, suivent presque le même chemin que les piétons.

Itinéraire. — Partant de la pl. de l'*Hôtel-de-Ville*, suivre le *boul. de Strasbourg* vers la mer et, au delà du *square*

St-Roch, prendre à dr. la rue *St-Roch*. A l'extremité de celle-ci, on incline un peu à g. par la *rue d'Etretat* qui s'élève et qui, au delà de la *rue Guillemard* prend le nom de *rue de Ste-Adresse*. A hauteur du *Casino Marie-Christine*, que vous laissez à g., vous suivez tout droit, en pénétrant sur le territoire de la commune de *Ste-Adresse*, la *rue du Havre*, par laquelle vous traversez toute la partie haute de *Ste-Adresse*.

Sainte-Adresse, autrefois pauvre village de pêcheurs, aujourd'hui commune de 2,500 hab., émaillée de ravissantes villas, doit son nom original à la spirituelle boutade d'un intrépide capitaine.

On raconte qu'emporté par les courants et près de se briser sur la Hève qui se prolongeait alors fort loin dans la mer, un vaisseau allait périr; déjà les matelots recommandaient leur âme à saint Denis, patron de la côte de Caux.

« Mes amis, dit le capitaine qui avait conservé toute sa présence d'esprit, ce n'est point saint Denis qu'il faut invoquer, c'est *sainte Adresse*! Il n'y a qu'elle, en ce moment, qui puisse nous faire arriver au port. »

Les matelots reprirent courage, le navire entra au Havre et le mot de Ste-Adresse fit fortune. *Alphonse Karr*, l'auteur des *Guêpes*, a contribué a faire connaître cette charmante localité qu'il habita et qu'il cita souvent dans ses écrits.

Ste-Adresse, grâce aux communications ne fait pour ainsi dire qu'un avec *Le Havre*, et est devenue un séjour des plus à la mode pour les riches commerçants du Havre, qui regardent comme de bon genre d'y avoir un pavillon. De là ces jolies villas qui se détachent sur la falaise et qui bordent la rue du Havre.

Suivant la *rue du Havre*, vous parvenez à un carrefour, le *Carreau*, où se détache à dr. la route d'*Etretat*. Inclinant à g., laissez à dr. la route d'*Ignauval* que suit le tramway et à g. la *rue des Ecoles*, pour descendre la petite *rue des Phares*, qui monte bientôt entre deux murs; la pente s'accentue, et on arrive sur un carr. où tourne à g. la route de voitures; à côté, une petite ruine, en forme de lanterne octogone, appelée la *Solitude*.

Suivez à dr. la *rue des Phares*; vous atteignez le plateau, et, passant par un joli chemin creux, au milieu de fermes

où l'on vend du lait, vous gagnez en ligne droite les phares ;
à g., des batteries ; à côté, petits restaurants.

Phares de la Hève. — Les phares de la Hève, de 20 m.
de hauteur, sont éloignés de la ville de 4 k. environ ; la
distance qui les sépare est de 63 m. et leur foyer est à
121 m. au-dessus des hautes mers. Le phare N. est éclairé
à la lumière électrique et le phare S. à l'huile minérale ; on
arrive sur la plate-forme par un escalier de 102 marches
(s'adresser aux gardiens, rétribution).

La construction de ces deux monuments remonte à 1774.
En 1775, on les inaugura par un éclairage à la houille,

Le Havre. — Les Phares de la Hève.

dans un vaste récipient en fer placé au sommet ; mais, la
violence des vents détruisant le combustible, il fallut aviser
à parer à cet inconvénient. L'année suivante, on imagina
d'entourer le foyer d'une cage vitrée ; une difficulté, plus
sérieuse que la première, surgit de cette combinaison : la
chaleur concentrée devint si intense que personne ne pou-
vait alimenter le feu. D'ailleurs la clarté n'était pas per-
ceptible au delà de 3 milles.

En juin 1778, on y appliqua les réverbères de Tourtille-
Sangrain, dont on ne tarda pas à reconnaître les bons
effets, et, en août 1829, après des expériences multiples, on
substitua à ces réverbères le système Bordier-Marcet. Ces
mêmes phares furent restaurés et améliorés en 1844. L'ap-
plication de la lumière électrique au phare S. date du
26 décembre 1863. Des expériences comparatives entre cette
lumière et l'ancienne maintenue au phare N. ont eu lieu
à toutes les époques de l'année, et les résultats ont été si

favorables et si concluants que le phare N. a été également transformé et allumé en 1865.

En 1893, il a été installé au phare N. un feu électrique scintillant émettant toutes les cinq secondes des éclats blancs précédés et suivis d'éclipses totales. La portée lumineuse moyenne de ce nouveau feu est de 52 milles; sa puissance peut s'élever jusqu'à 2,500,000 becs Carcel.

A la même époque, le phare électrique S. a été remplacé par un feu fixe blanc de 5e ordre alimenté à l'huile minérale.

En avant des phares, se trouve le *sémaphore*.

En sortant de l'enclos des phares, laissant à g. la route du *Carreau* par *Ignauval*, en face la *route de la Hève*; gagnez à dr. le bord de la falaise et dirigez-vous à g. en passant devant une batterie vers le mat des signaux de marée, que vous apercevez du haut de cette falaise crevassée dans certains endroits (ne pas approcher trop du bord), on jouit d'une vue magnifique sur *le Havre* et l'embouchure de la Seine.

Derrière ce mât, rejoignez la *route de la Hève*, à un carr. où se détache à dr. le *boul. Félix-Faure*, jolie voie établie dans une fissur de la falaise qui se produisit en 1867 et conduisant au bord de la mer, prolongement du boul. Maritime.

Suivez la *route de la Hève*; vous voyez à dr. le Stand de la Société Havraise de Tir et, devant vous, à l'extrémité de la route, les deux flèches de la *chapelle N.-D. des Flots*. Dépassant quelques villas, vous gagnez cette chapelle à dr. par la *rue Vacquerie*.

Cette chapelle, but de pélerinage pour les marins, a été inaugurée en 1859; elle est ornée de marbres blancs et de nombreux *ex-voto*. Au fond du sanctuaire, derrière le maitre-autel, dans une niche à voûte bleu d'azur constellé d'or, apparaît la statue de la Vierge tenant l'Enfant Jésus dans ses bras; de beaux vitraux modernes ornent le sanctuaire et les chapelles.

De la *chapelle des Flots*, on arrive en quelques pas au *cénotaphe*, affectant la forme d'un pain de sucre, élevé par la veuve du général comte *Lefebvre-Desnouettes*, en mémoire de son mari, mort dans un naufrage sur les côtes d'Irlande (22 avril 1822).

Du *Pain-de-Sucre*, continuant à descendre, traversez la route de voitures et suivez le chemin de piétons, *sentier des Phares*, qui vous conduit directement sur le *boul. Maritime*, près des bains de mer de Ste-Adresse; suivez, jusqu'à son extrémité, le *boul. Maritime* en passant devant l'entrée des jardins du *Casino Marie-Christine*, puis tournez à g. et revenez par le *boul. de Strasbourg* à la *pl. de l'Hôtel-de-Ville*.

SAINTE-ADRESSE. — Vue générale.

Le plateau d'Ingouville. — *Le plateau d'Ingouville* est la ligne de hauteurs, qui domine le Havre au N. et vient se terminer au vallon de *Ste-Adresse*; c'est une promenade demandant 1 h. 1/2 environ que devront faire les touristes qui veulent jouir d'un magnifique panorama sur la ville du Havre et les bassins.

On s'y rend soit à pied, soit par le funiculaire qui part toutes les 5 min. de la rue du Champ-de-Foire (10 c.).

Itinéraire. — *Par le Funiculaire.* — Remontez la *rue de Paris*, traversez la *pl. de l'Hôtel-de-Ville* et suivez, à dr., la rue *Thiers* jusqu'à la *rue du Champ-de-Foire*, formant, à g., une grande place carrée. A dr. et dans le haut de cette place, à l'angle de la *rue St-Thibault*, on aperçoit la gare.

Le funiculaire passe sous la rue de Montivilliers et aboutit *rue Félix-Faure*, où se trouve la gare supérieure. A la sortie de la gare, longer à g. la *rue Félix-Faure* (belle vue sur le Havre).

A pied. — Partant de la *pl. Gambetta*, suivre la *rue de Paris*, traverser la *pl. de l'Hôtel-de-Ville* et prendre la *rue Thiers*, qui s'ouvre à dr. de l'*Hôtel-de-Ville*. Après un coude, et près d'un refuge avec candélabre, tourner à g. et gravir la *rue de Montivilliers*. A votre dr., le square et l'*église St-Michel*.

Contournant l'église, et continuant toujours la *rue de Montivilliers*, sous laquelle passe le funiculaire, on arrive en quelques minutes sur le sommet de la montagne (vue magnifique). Là, tourner à g. pour suivre la *rue Félix-Faure* qui, bordée de jolies villas, entre autres celle de Félix-Faure (n° 43), longe la crête et offre de superbes points de vue. A g., se trouve la *gare supérieure* du funiculaire.

D'*Ingouville* le panorama de la côte est tout autre que de *Ste-Adresse*; la vue plane directement sur la ville, les bassins et l'embouchure de la Seine.

Pour redescendre en ville, suivre la *rue Félix-Faure* qui, après un coude très prononcé, tourne brusquement à dr. en laissant en face la *rue du Prince-Eugène* et aboutit, par une descente rapide, à l'angle des *rues de Ste-Adresse et d'Etretat* (tramway) ramenant, à g., au square St-Roch et à l'*Hôtel-de-Ville*.

Graville Sainte-Honorine. — On se rend à *Graville*, soit par le ch. de f. (v. p. 70), soit par le tramway électrique.

Ce village, banlieue du Havre qu'alimentent ses nombreux jardins maraîchers, possède des restes d'une abbaye; on y monte par un petit chemin qui se détache à g. de la route d'Harfleur, après la Mairie; à côté, on voit sur une terrasse une statue colossale de la Vierge, appelée la Vierge Noire élevée en 1872. L'église dominée par deux belles tours romanes l'une à g., l'autre à la croisée, est précédée d'une petite terrasse d'où l'on découvre une vue superbe sur l'estuaire de la Seine. A l'intérieur, on remarque la nef, un retable en bois sculpté du XVII° s. et le tombeau de Ste-Honorine.

Harfleur, charmante excursion demandant une demi-journée, à faire, soit en ch. de fer (v. p. 69) soit par le tramway électrique de Montivilliers; soit en voit. part. (6 k.; prix à débattre). Le tramway et les voitures, suivent la *rue de Normandie* et la route qui la continue en traversant le village de *Graville-Ste-Honorine* et qui, après avoir croisé la voie ferrée, atteint *Harfleur*.

Harfleur, jolie petite ville de 2,900 hab. dans la pittoresque vallée de la *Lézarde* à son débouché dans le val de la Seine, possède un petit port relié par un embr. au canal de Tancarville. Ville fort ancienne, port très important au moyen-âge, elle déclina dès le XVI° s, par suite des ensablements de la Seine. On y remarque une très belle église des XV° et XVI° s. avec un grand portail du XVII° s. surmonté d'une superbe tour terminée par une flèche ajourée du XV° s. ; à l'int., nombreuses pierres tombales ; buffet d'orgue en bois sculpté du XVI° s. ; et un château du XVII° s. au milieu d'un joli parc.

A 3 k. d'Harfleur, on peut gagner *Gonfreville-l'Orcher*, possédant un joli château du XVII° s. construit sur le sommet des falaises ; de la terrasse (s'adresser au portier, pourboire), on découvre une vue merveilleuse.

Montivilliers. — Excursion d'une demi-journée ; on y va soit par le ch. de fer (10 k., 14 tr. par j. trajet en 20 min.; 1 fr. 10, 75 c., 50 c,), soit par le tramway électrique. La voie remonte la vallée de la *Lézarde* en desservant *Harfleur* (a dr., *chât. de Collemoulins*), *Rovelles* et la *Demi-Lieue*.

Montivilliers, ch. l. de c., petite ville industrielle de 6,500 hab. sur la *Lézarde*, au centre d'une région pittoresque. On y remarque l'*église*, reste d'une abbaye fondée au VII° s., surmontée d'un clocher du XVI° s. (retable du XVII° s.); le *musée-bibliothèque*, celle-ci très riche en ouvrages sur la Normandie. A 2 k., se trouve le *chât. d'Es-cures*, au milieu d'un joli parc, but de promenade pour les Havrais (restaurant).

Tancarville. — Très belle excursion recommandée ; on s'y rend soit en voit. part. (20 k. ; prix à débattre), soit par les services de voit. automobiles (v. p. 76), soit par le bateau à vapeur, partant le dimanche matin en été, soit en prenant le ch. de f. jusqu'à *St-Romain*, et le tramway qui relie la gare à la ville, d'où l'on s'y rend à pied ou en voiture (9 k.), ou bien encore par *Lillebonne* (v. *Normandie*).

Tancarville est un joli village situé dans une position très pittoresque sur la rive dr. de la Seine, au pied d'une éminence boisée que dominent les ruines d'un chât. datant du xiii° s. (s'adresser au concierge pour visiter). Ce chât. auquel donne accès une porte flanqué de deux hautes tours, s'étendait sur un plan triangulaire et comportait dix tours, les trois principales plantées aux angles. Ces ruines sont des plus intéressantes à parcourir. A côté, sur une terrasse d'où l'on découvre une vue magnifique, s'élève le *Château Neuf*, construit au xviii° s. et réédifié au xix° s.

Sur l'autre versant d'un vallon boisé qui aboutit à *Tan-carville*, se dresse un curieux rocher appelé la *Pierre Gante*. C'est à *Tancarville* que commence le canal qui relie la *Basse-Seine* au port du *Havre* (23 k.)

Étretat, excursion demandant une journée ; on s'y rend soit en ch. de f. (peu pratique). soit par les voitures publiques automobiles (v. p. 76), soit enfin en voit. part. (27 k., prix à debattre.).

Itinéraire. — Sortant du Havre par la *rue d'Étretat*, on gagne à *Ste Adresse*, le carr. appelé le *Carreau* ou l'on incline à dr., en laissant à g. le fort de Ste-Adresse ; on passe à *Bléville*, et la route assez accidentée gagne *Octeville*. Laissant à g. *Henqueville*, on atteint au ham. de la *Mare-Goubert*, une bif. où se détache à dr. la route de *Criquetot-l'Esneval* par *Gonneville* ; à g., route vers *St-Jouin* (v. *Normandie*).

Plus loin. après de nouveaux vallonnements (à g. vue sur la mer), la route passe entre *Ste-Marie-au-Bosc* à dr., *la Poterie*, à g. (route vers *Bruneval*, à g.; v. *Normandie*) ;

après *le Tilleul*, par une forte descente, on atteint *Étretat.*

Etretat. — Bourg de 2,000 hab., sur la Manche, station de bains de mer, aujourd'hui très en vogue. Elégantes villas, air pur et vivifiant; environs charmants.

Étretat, qui n'était jadis qu'un petit village de pêcheurs, doit sa fortune à Alphonse Karr qui, le premier, parla dans ses chroniques de ce ravissant pays. Abritée entre deux falaises hautes de 90 m. que la mer a découpées en arches immenses et en aiguilles superbes, la ville, propre, riante et toute de fantaisie, offre un aspect à la fois pittoresque et original.

Étretat n'a pas de port, mais seulement un échouage. Les marins, à leur retour de la pêche, sont obligés de hisser à force de bras leurs petits bateaux sur la digue de galets qui protège le village contre les vagues de la mer. On remarque sur la plage de vieilles embarcations couvertes de chaume servant de magasin aux pêcheurs.

Étretat, pays de la promenade et de la rêverie, n'a en fait de monuments que son église, édifice de l'époque romane. Le portail est supporté par des colonnettes dont les chapiteaux sont ornés de personnages sculptés. La lanterne, hardiment jetée et supportée par de grands pilliers éclaire le temple d'un jour mystérieux.

Pour les hôtels, v. *Agenda du Voyageur,* lettre E; pour la description détaillée de cette station et de ses environs, v. notre guide « *Normandie* ».

Honfleur. — Charmante excursion recommandée; on s'y rend par les bateaux à vapeur qui assurent le service 2 ou 3 f. par jour selon la saison, à des heures variables par suite de la marée (v. les affiches), trajet en 35 min.

Itinéraire. — A peine sorti du port, le bateau contourne la digue et décrit une immense courbe pour éviter le *Poulier du Sud,* large banc de cailloux indiqué par une bouée; puis laissant à g. l'embouchure de la Seine, il marche en ligne directe sur *Honfleur* dont on aperçoit de loin les phares. Sur la g., du côté du *Havre,* on distingue les Docks, la *pointe du Hoc* et *Orcher* avec son joli château.

Sur la dr., faissant suite pour ainsi dire à Honfleur, on remarque les rochers d'*Hennequeville* et le village de *Villerville.*

Etretat. — Les laveuses sur la plage.

Honfleur, vu du bateau, présente un aspect des plus riants. La montagne dominant la ville est la *côte de Grâce*, la curiosité du pays.

On débarque à *Honfleur*, quai *Beaulieu*.

Honfleur, petite ville de 9.500 hab. bâtie en amphithéâtre sur un pittoresque et riant coteau à l'embouchure de la Seine ; port de pêche et de commerce (hôtels, v. *Agenda du Voyageur*, lettre H).

Quoique d'origine ancienne, *Honfleur* n'a conservé que de rares vestiges de ses anciens monuments. Citons toutefois la *vieille tour de la Lieutenance*, près du port, dernier reste des anciennes fortifications, et les églises *St-Léonard* et *Ste-Catherine* : la première est remarquable par son portail du XVI⁰ s. (à l'intérieur, beau lutrin en bronze représentant un aigle tenant un serpent dans ses serres); la seconde, qui comprend deux nefs parallèles et est bâtie tout en bois, date du XV⁰ s.; elle a été restaurée, en partie, dans le style primitif. A l'intérieur, deux tableaux d'une certaine valeur : un *Portement de Croix*, d'*Erasme Quellyn*, et un *Christ au Jardin des Oliviers*, par *Jordaens*. Le clocher est séparé du corps de l'église par une place.

Aux amateurs de maisons anciennes du XVI⁰ s., nous citerons celles qui se trouvent près de l'ancien bassin et dans la *rue Gambetta*.

Le port d'Honfleur a été de tout temps considéré comme un des ports de relâche les plus indispensables des côtes de la Manche. Aussi son entretien a-t-il coûté, jusqu'à ce jour, de nombreux millions à cause des ensablements perpétuels des bancs mouvants de la baie de la Seine.

Pour remédier à cet inconvénient, on décréta, en 1873, la création d'un bassin de retenue dont la construction fut confiée à l'ingénieur *Arnoux*. Les travaux ont coûté environ 6 millions de francs.

Actuellement, le port de Honfleur, éclairé par trois phares, comprend : un *avant-port*, quatre *bassins à flot* et un *bassin de retenue*.

Honfleur est surtout réputé pour ses remarquables environs, parmi lesquels il convient de citer en première ligne la *Côte de Grâce* et la route de Trouville.

Pour tous renseignements sur *Honfleur* et la description de ses environs, v. notre guide « *Normandie* ».

Trouville. — Excursion recommandée, complément de la visite du Havre. Le *Havre* est relié à *Trouville* par des services de bateaux à vapeur, faisant la traversée en 45 min. (consulter les affiches).

Itinéraire. — En quittant le port, le bateau laisse à dr. la plage, et, passant entre les deux digues, sur la hauteur, les *phares de Ste-Adresse*, puis oblique à g. et marche en ligne directe sur *Trouville*.

Par un temps clair, vous découvrez une vue ravissante.

A votre gauche, *Honfleur* et ses phares, plus loin *Villerville*, devant vous *Trouville*, *Deauville* et ses palais et, dans le prolongement de la côte, *Villers*, *Houlgate* et *Cabourg*.

Trouville, avec ses gracieuses maisons et ses coquettes villas, présente, du bateau, un aspect charmant. A l'entrée de la plage, se trouve la *jetée-promenade* (où, a marée basse, s'arrête le bateau), à droite de laquelle se détache la jolie ligne de villas qui borde la plage; plus haut, sur la côte, vous apparaissent de splendides villas et, bordant la plage, le *Casino*.

On longe les deux jetées encombrées de promeneurs et, pénétrant dans la rivière de la *Touques*, le bateau stoppe devant le *quai Vallée*, près du marché aux poissons.

Trouville. — Ville de 6.250 hab., avec un petit port de pêche à l'embouchure de la *Touques*. Station balnéaire très en vogue, devenu le rendez-vous d'été du Tout-Paris élégant et viveur. Magnifique plage de sable fin (hôtels, v. *Agenda du Voyageur*, lettre T).

Comme toutes les villes nées d'hier, Trouville n'a pas de parchemins historiques. En effet, qu'était Trouville avant les tableaux de Charles Mozin, d'Isabey et les spirituelles chroniques d'Alexandre Dumas ? Rien qu'un simple village aux chétives cabanes, habité par de pauvres pêcheurs ; c'est aujourd'hui, grâce à la mode, une ville coquette fréquentée chaque année par un nombre considérable de baigneurs. Située à l'embouchure de la *Touques*, au pied de riantes collines, la ville, bâtie en amphithéâtre, domine toute une plaine de sable où la mer vient se briser, tantôt calme, tantôt furieuse.

Trouville, ainsi que Deauville, sa sœur jumelle, située

sur la rive g. de la Touques, n'est pas seulement un lieu de villégiature privilégié, rendez-vous de toutes les élégances, c'est aussi un centre de délicieuses excursions qui permettent de couper agréablement le séjour.

Pour les renseignements sur Trouville et Deauville et pour la description de ces stations et de leurs environs, v. notre guide « *Normandie* ».

Fécamp, ville industrielle et commerçante de 15.500 hab. située sur la Manche à 1 h. du Havre par le chemin de fer. Station balnéaire fréquentée, avec une superbe plage bordée par une magnifique digue en maçonnerie. Monuments intéressants; musée et distillerie de la Bénédictine. Jolis environs (hôtels, v. *Agenda du Voyageur*, lettre F).

Pour les renseignements sur *Fécamp*, la description da la ville et de ses pittoresques environs, v. notre guide « *Normandie* ».

TABLE DES MATIÈRES

INDEX ALPHABÉTIQUE

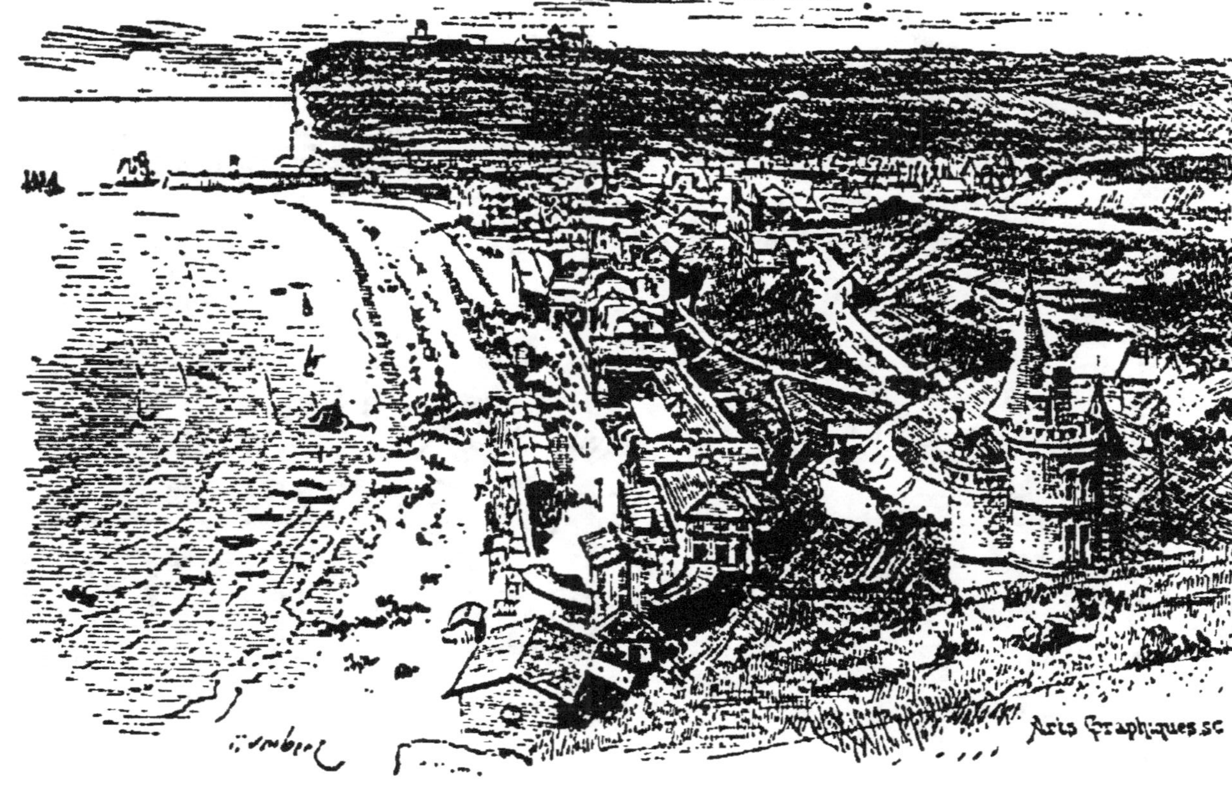

FÉCAMP. — Vue générale prise de la falaise.

PARIS. — IMPRIMERIE P. MOUILLOT, 13, QUAI VOLTAIRE.

131